21世纪高等教育数字艺术与设计规划教材

建筑·景观·室内
实用手绘效果图表现技法

Digital Art

陈雪杰 李湘华 张峰 主编

郭天翔 陈培禧 方剑卫 副主编

人民邮电出版社

北京

图书在版编目（C I P）数据

建筑·景观·室内实用手绘效果图表现技法 / 陈雪杰，李湘华，张峰主编. -- 北京 : 人民邮电出版社，2012.8

21世纪高等教育数字艺术与设计规划教材

ISBN 978-7-115-28366-5

Ⅰ. ①建… Ⅱ. ①陈… ②李… ③张… Ⅲ. ①建筑艺术－绘画技法－高等职业教育－教材 Ⅳ. ①TU204

中国版本图书馆CIP数据核字(2012)第127431号

内 容 提 要

本书采用循序渐进的训练方式，层层递进地讲解建筑、景观、室内实用手绘效果图的表现技法，并以步骤图解的方法逐步引导初学者克服手绘技法和心理上的障碍。本书在编写中格外注重对初学者动手能力的培养，帮助初学者科学有效地提高手绘水平。

本书作者均为有多年实战经验的资深设计师和讲师，书中采用了大量已被采纳的实践案例，对于初学者有着实际指导作用。本书可以作为本科及高职高专环境艺术设计、建筑设计、室内设计、园林设计等相关专业学生的教材，也适合初学者自学使用。

21世纪高等教育数字艺术与设计规划教材

建筑·景观·室内实用手绘效果图表现技法

◆ 主　　编　陈雪杰　李湘华　张　峰

副 主 编　郭天翔　陈培禧　方剑卫

责任编辑　王　威

◆ 人民邮电出版社出版发行　北京市丰台区成寿寺路11号

邮编　100164　电子邮件　315@ptpress.com.cn

网址　https://www.ptpress.com.cn

涿州市般润文化传播有限公司印刷

◆ 开本：787×1092　1/16

印张：7　　2012年8月第1版

字数：168千字　　2024年7月河北第10次印刷

ISBN 978-7-115-28366-5

定价：34.80元

读者服务热线：(010) 81055256　印装质量热线：(010) 81055316

反盗版热线：(010) 81055315

广告经营许可证：京东市监广登字20170147号

前　言

建筑设计市场的潜力巨大，全国大概有近2000所院校设置了设计专业，并且都将设计专业作为重点学科来发展。学习、从事设计专业应具备两个基本能力——设计思维能力与设计表达能力。手绘的训练正是实现这两方面能力最好的途径。

21世纪以来，计算机软硬件的发展使得计算机效果图具有了效果逼真、修改方便等优点。正因为计算机效果图能模拟出场景的真实性，容易被业主所接受，因而在国内被广泛采用。但计算机终究是机器，始终缺少徒手绘制的灵性和个性，且受制作场地的限制，在短时间内设计师与业主进行交流与沟通，就显得自由度少了很多。即使是计算机效果图，也必须在设计师头脑中预先设定好构思才能实现。而这些计算机效果图的缺点恰恰是手绘效果图的所长。

手绘主要是表现设计师的思维过程，从案例构思到表现的过程中，可更好地对空间形态及空间关系进行推敲，是创作欲望的开始。真正的设计是没有固定的模式的，手绘图恰是如此。在手绘图的过程中，随手的几根线条就可能会启发设计师的联想，带来意外的设计惊喜。更重要的是手绘还具有以草图与人与己交流的优势。某种程度上，手绘甚至可以说是设计的基础。手绘作为一种表现形式和手段，是每一个设计师必须掌握的一种技艺，如果因为有了计算机效果图而荒废了手绘，将会妨碍自己的设计思维的发展，无法成为一名真正优秀的设计师。

对于设计师来说手绘图不是绘画作品，它与绘画作品有着严格概念区别。绘画可以发挥艺术的想象，天马行空；而手绘效果图更多要考虑工程的实际情况，结合预算、材料和施工工艺来进行表现，绘制表现手法技巧、比例尺度、材质的要求也是非常严谨的，具有更多技术含量，有建造技术的潜在意识。手绘图的根本在于“设计”，而不是纯粹地画一张张美丽的绘画作品。从手绘草图到手绘效果图，都是设计师把握设计方案风格和方向不可缺少的关键。好的手绘效果图可以帮助设计师在早期就控制设计方案并推动设计方案的实现。

本书由行业专家、一线设计师和有实践经验的教师共同完成。编者既注重专业课程要求又注重市场需求，将专业知识与实践能力、创造能力的培养熔于一炉，相得益彰。为了培养学生成为真正的设计师，本书以实战为基本出发点，不仅包含了全面的表现技法知识，更注重易学性，采用循序渐进的训练方式，从最基础的线条开始，到单个物体绘制再到单个物体上色，最后到整体空间创作训练。训练方法层层递进，逐步引导初学者掌握手绘技法，克服心理上的障碍，帮助初学者科学有效地提高手绘水平。

本书提供的百余个设计案例，涵盖了室内设计手绘技法、建筑设计手绘技法、园林设计手绘技法，其中既有设计师自己构思分析过程中产生的草图，也有已经被业主采纳的成品表现图，对于初学者而言更有现实指导性。本书可以作为本科及高职高专建筑设计、环境艺术设计、室内设计、园林设计等相关专业学生的教材，也适合初学者自学使用。

编者

2012年5月

目 录

第1章 手绘效果图快速表现技法基础

Chapter

1.1 手绘快速表现概述

手绘效果图表现是工程设计类专业的必修课。学习、从事设计行业应具备两个基本的能力：设计思维能力与设计表达能力。设计表达能力可以使设计师用设计语言将方案完美展现，而手绘效果图就是设计师表达自己设计语言最为直接和有效的方法。同时在绘制手绘效果图的过程中，也是完善设计师思维，在进行方案设计过程中时刻记录、展现设计师设计思维的最佳途径。这也意味着，在手绘效果图的过程中同步锻炼了设计师的设计思维能力与设计表达能力。

手绘效果图是设计师职业技能水平的体现。对于设计师来说手绘图不是绘画作品，它与绘画作品有着严格概念区别。手绘效果图要表现准确的空间透视、相对精确的造型及家具等尺度，还要表现出材料的固有色彩及质感，同时尽可能真实地表现场景光感与阴影变化。

提高手绘效果图的绘制水平，最大的一个窍门就是多画，这个道理很简单，但做到却很难。因此，学习手绘要下苦功，并依照循序渐进的方式，从线条到单体再到综合空间创作。平时则将临摹与速写作为一项天天不离手的基本功来训练，从临摹中总结手绘元素的表现规律，并在写生练习中提高认识，总结出新的规律。只要能够坚持，假以时日，无论之前有没有美术功底，都能够将手绘效果图练好。

1.2 手绘效果图快速表现技法的分类

手绘效果图在设计行业的应用较为广泛，包括室内设计、建筑设计、园林景观设计都会大范围地应用手绘，甚至在一些房地产公司的户型图上也大量采用手绘。如图1-1至图1-4所示。

图 1-1　室内效果图（苏志明绘）

图 1-2　建筑效果图

图1-3 景观效果图

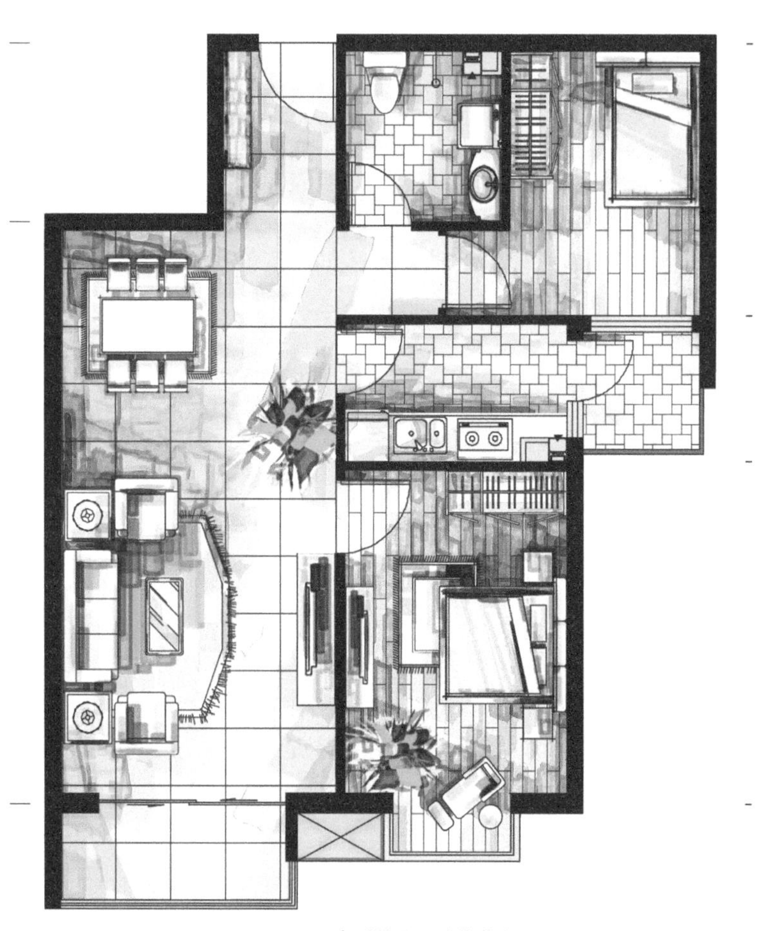

图1-4 户型效果图（临摹）

1.3　手绘效果图工具介绍

1. 钢笔

钢笔是手绘表现最为常用的工具之一，尤其是速写常被称之为钢笔速写，是从事设计行业的人员所应具备的基本专业技能。钢笔速写的练习可以培养设计师的形象思维与形象记忆，使之能手眼同步地快速构建设计对象。

钢笔分为普通钢笔和美工笔两种。其中普通的书写钢笔画出的线条挺拔有力，并富有弹性；美工笔线条本身具有美感，随着用笔的方向、轻重的不同可以产生不同粗细和力度的线条，使画面自然生动且灵活多变。

钢笔应选择笔尖光滑并具有一定的弹性，试笔时要求正反两面均能画出流畅的线条。平时使用要注意钢笔的保养，经常清洗，以保证笔尖出水流畅。

2. 针管笔

针管笔有注水针管笔与一次性针管笔两种，其粗细型号不等，可以选择不同型号的笔绘制，增加画面层次感，使画面生动。注水针管笔的笔尖细软，必须注墨使用，缺点是容易漏墨且笔尖容易被纸面纤维堵住，更多的是用于施工图的绘制。手绘效果图更多地使用一次性针管笔。一次性针管笔也可以叫绘图笔，笔头没有空隙，不会出现堵塞笔尖的现象，缺点是不能上墨，只能一次性使用，如图1-5所示。

3. 铅笔

对于手绘而言，铅笔是最常用的工具，较适合草图设计阶段对设计方案进行反复推敲的绘制过程。铅笔选用应以软性为宜（常用的型号为2H、H、HB、B、2B）。在手绘起稿时也可以使用自动铅笔，这样可以尽量保持画面干净整洁，不会对后期上色产生影响。

4. 马克笔

马克笔有上百种颜色，有单头和双头之分，用马克笔作画，各种颜色和不同宽度的笔头使得手绘稿上色变得快速有效，是当前效果图表现中最主要的着色工具之一。但是马克笔的色彩不能调和，因而购笔时颜色要尽量得多，尤其是中间过渡色。

马克笔还分油性和水性两种，油性与水性从色彩感觉和使用上都有所不同，可以混合使用。水性马克笔颜色靓丽，有透明感，但是干后颜色会略微变淡，上色时如果多次叠加颜色会变得浑浊灰暗，且容易伤纸，不适合薄纸使用。油性马克笔画面表现效果柔和，易干且颜色多次叠加后不会伤纸，适用于各种纸张。选用何种马克笔可以根据自己的使用习惯和表现的要求而定，充分发挥它们的特性，如图1-6所示。

5. 彩铅

彩铅也是主要的上色工具，且掌握较为容易。彩色铅笔的颜色较多，一般一盒有6色、12色、24色、36色、72色之分。彩铅的外形及使用效果均类似于铅笔，上色时可以利用彩铅的笔触来绘制各种细部色彩和表现物体的质感，效果较淡，清新简单，且大多便于橡皮擦去。

彩铅分为可溶性彩色铅笔（可溶于水）和不溶性彩色铅笔（不能溶于水）两种。水溶性彩铅可用水来调和，调和后具有一定的水彩渲染效果，能起到丰富画面的色彩关系和完善色彩间过渡的作用，在很大程度上弥补了马克笔颜色层次不足和不方便大面积平涂的缺点，如图1-7所示。

6. 纸

常用的有复印纸、色纸、硫酸纸、素描纸等。色纸带有底色，在有色的纸上作画为后期加工提供了方便且使画面更具独特个性。但最常用的还是复印纸。复印纸纸质细腻，无需剪裁，规格多，使用起来很方便。此外，复印纸吸水性适中，可以使得笔触流畅，能将马克笔的特点充分发挥出来。

7. 软橡皮

质地柔软的橡皮，用于擦掉多余的彩铅，可使色彩柔和。可将橡皮削尖，最好呈3角形，方便擦出细节，如图1-8所示。

除了以上工具外，常见的手绘工具还有可用于在画面中点绘高光的修正液、三角板、直尺、自动铅笔、美工刀等，选择哪种品牌的工具并不重要，最重要的是自己的手感，建议购买自己手握着最舒服的工具。

图1-5 针管笔

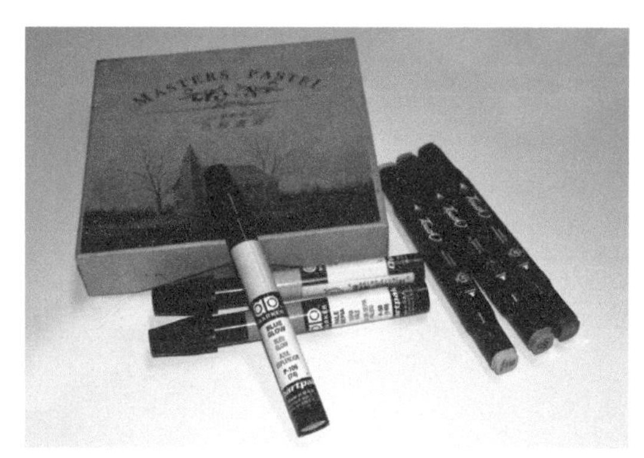

图1-6 马克笔

图1-7 彩铅

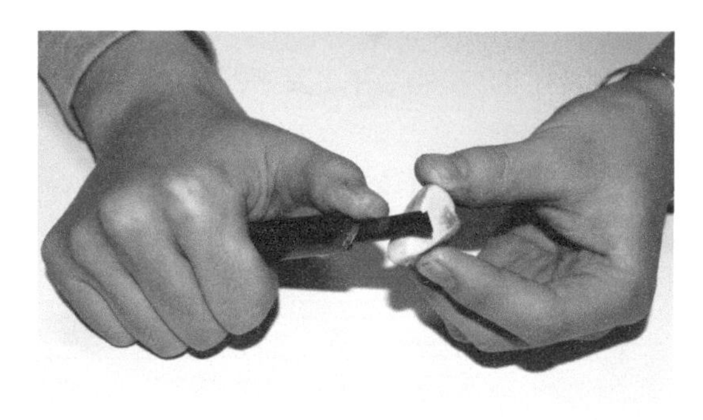

图1-8 削尖的橡皮

习题

1. 购买并试用各种工具。
2. 收集一些好的手绘作品。

Chapter

第2章 手绘效果图基础训练

2.1 线条训练

初学者画不好线条大多是因为下笔犹豫不决，轻重把握不到位，结果出现了呆滞、不流畅的问题。尤其是有些初学者刚开始练习时非常小心，一心求“直”，其实手绘上的直线只是感觉和视觉上的“直”，并不要求标准的尺规化的直线。

1. 直线

绘制线条时，手要放松，要求手腕和手臂同时运动，行笔时要快，干脆，决不能拖泥带水，起笔和收笔重，中间轻，可以在起笔和收笔时来回一次或者略微停顿一下，如图2-1所示。

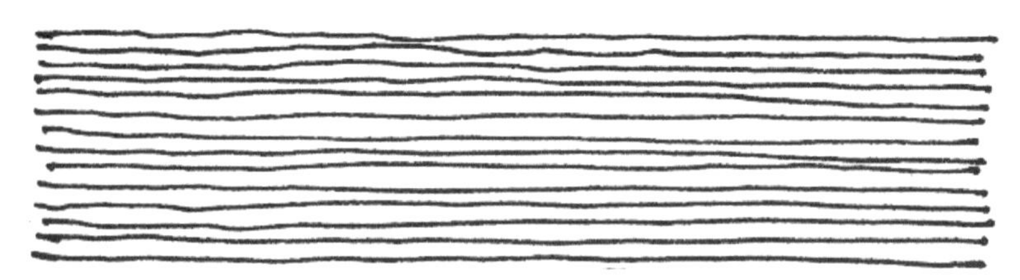

图2-1　线条绘制要点

2. 抖线

手绘时，尤其是竖线长线条上，经常会用到抖线的技法。

绘制抖线时，手要放松，手微微振动，讲求流畅、自然。如果线条过长，也可以画至中间断开，再接上，如图2-2所示。

线条是构成手绘效果图的基本元素，线条的粗细、疏密是表现空间明暗关系和空间层次最为常规的手法，如图2-3所示。

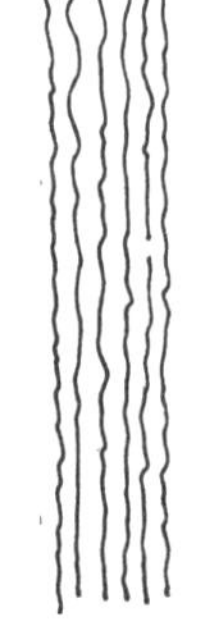

图2-2　抖线

3. 其他线条

（1）短横或竖线：擅长表达小饰品。

（2）长横或竖线：适合画空间中的结构墙面线。

（3）侧锋：中间实两边虚，线条随行富有飘渺感，多用在素描中，如图2-4所示。

（4）顿挫线条：起笔收笔有明显的顿挫，这样的线条结构清晰平稳，适合表达结构明确的物体，如图2-5所示。

（5）乱线条：运笔夸张凌乱，多用于表达一些不规则形体，如图2-6所示。

（6）断线：多用于表达建筑制图中像玻璃镜面反光，如图2-7所示。

图2-3 线条的疏密、轻重构成了空间的明暗与层次

图2-4 侧锋

图2-5 顿挫线条

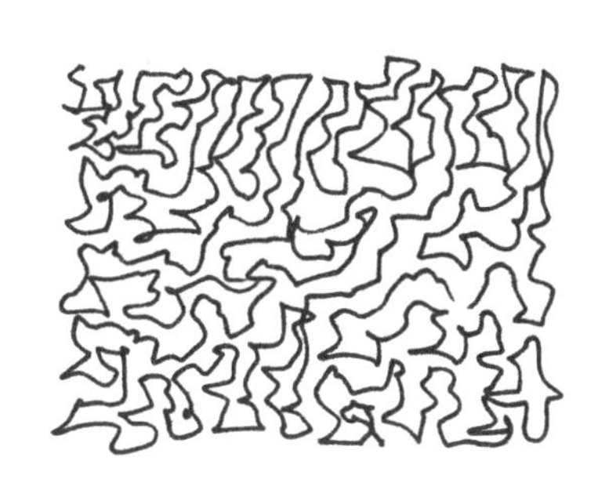

图2-6 乱线条

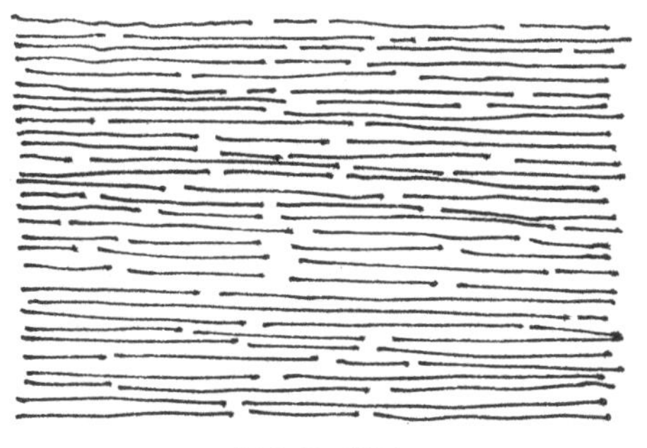

图2-7 断线

4. 线条练习的方法

“你如此勤奋地训练你的手和你的判断之后，你就在不知不觉之间做到手法敏捷。”

——达芬奇

线条练习，甚至包括手绘的练习是没有任何捷径的，最重要的技巧可以归结为两个字——多练。不要指望短时间内就能练好，相比于技巧，手绘更需要持之以恒的毅力与坚持。初学者在练习手绘的过程中会遇到很多挫折与困难，初期甚至经常会出现不相信自己的情况，脑海里琢磨：“我是不是没有这个天分”？请记住，这一切不过都是一时杂念，千万不要当真，每当你自己觉得坚持不下去的时候，你就已经到了即将进步的时刻。这个时候千万不能放弃，再坚持坚持，你就又上了一个新台阶。

找一张报纸，在文字下面连续不断地划线，平放报纸画横线，竖过来则可以画竖线，先从短线开始，逐渐加长，直到你觉得划线是如此轻松。

临摹与临绘，练习手绘可以从临摹开始，采用硫酸纸照着他人的线稿进行拷贝式的临摹，慢慢培养出练习者的手绘感觉；待到有了一定基础后即可采用临绘的方式，将临摹的作品放在绘图纸的左上角，一边观察一边临绘，尽可能地做到与原作品一样或者相似。

带上速写本，不限题材，从简单的单体开始，再到整体大环境、大空间。有时间就画一画，不要在乎周围人的眼光，要知道，所有的手绘高手都是这样起步的。各类速写如图2-8～图2-11所示。

图2-8 动植物速写

图2-8 动植物速写（续）

图2-9 建筑速写

图2-10　场景速写

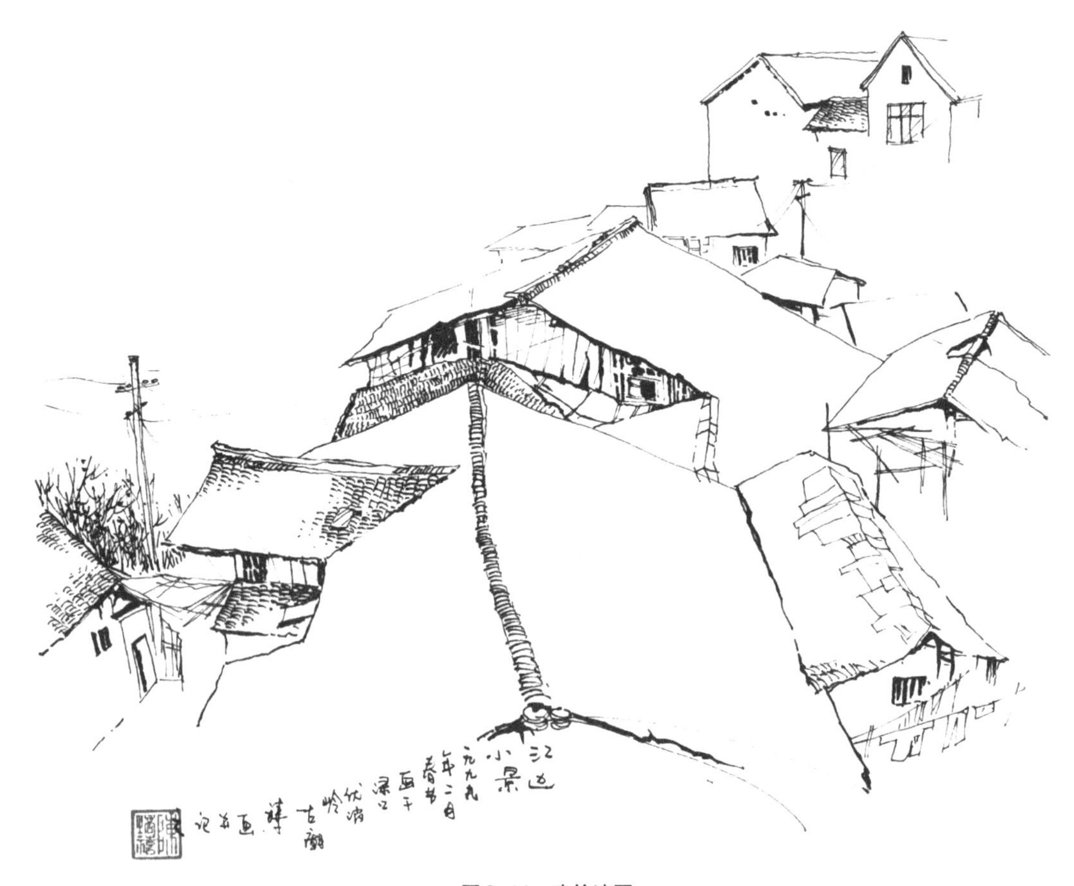

图2-11　建筑速写

习题

1. 绘制各类线条各一百根。
2. 利用线条的疏密组合出物体的明暗关系。

2.2　室内单体线稿训练

手绘效果图快速表现需要在绘制的过程中较为准确地表现出物体的形体特征，其对形体的尺寸、比例均有较为严格的要求。对于室内手绘效果图而言，空间内家具、灯具、饰品等物品相对较多，更需要绘制者有较强的造型能力。

提高造型能力不可能一蹴而就，需要遵循一个循序渐进的过程，对于初学者而言，不要一开始就挑战大型室内空间的表现，这样很难达到预期效果，反而会打击初学者练好手绘的信心。初学者应该从单个的室内单体开始入手，熟练后再进行组合家具训练，最后进行整体空间的绘制。

各种各样物体的形态和复杂程度都是各不相同的，但是都可以将之简化。在理解上可以将单体归纳为一个带透视的立方体，再从这个立方体入手，逐步对形体进行分解绘制，如图2-12所示。

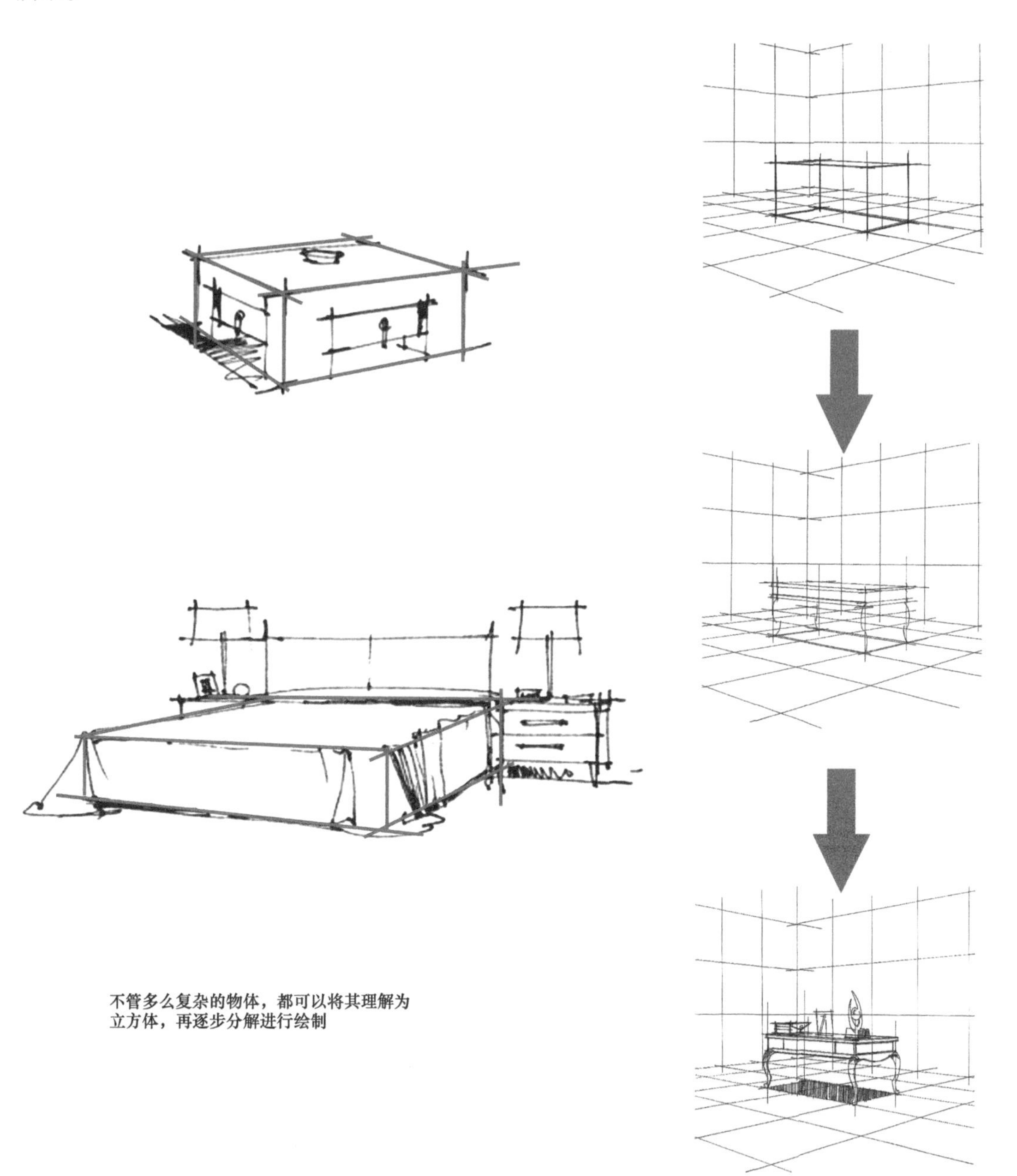

图2-12　将单体理解为立方体再进行分解绘制

以沙发单体绘制为例，依照立方体理论，先将沙发理解为一个立方体，再一步步进行细分绘制，如图2-13所示。其他物体的绘制也可以参照这种方式进行分解绘制。

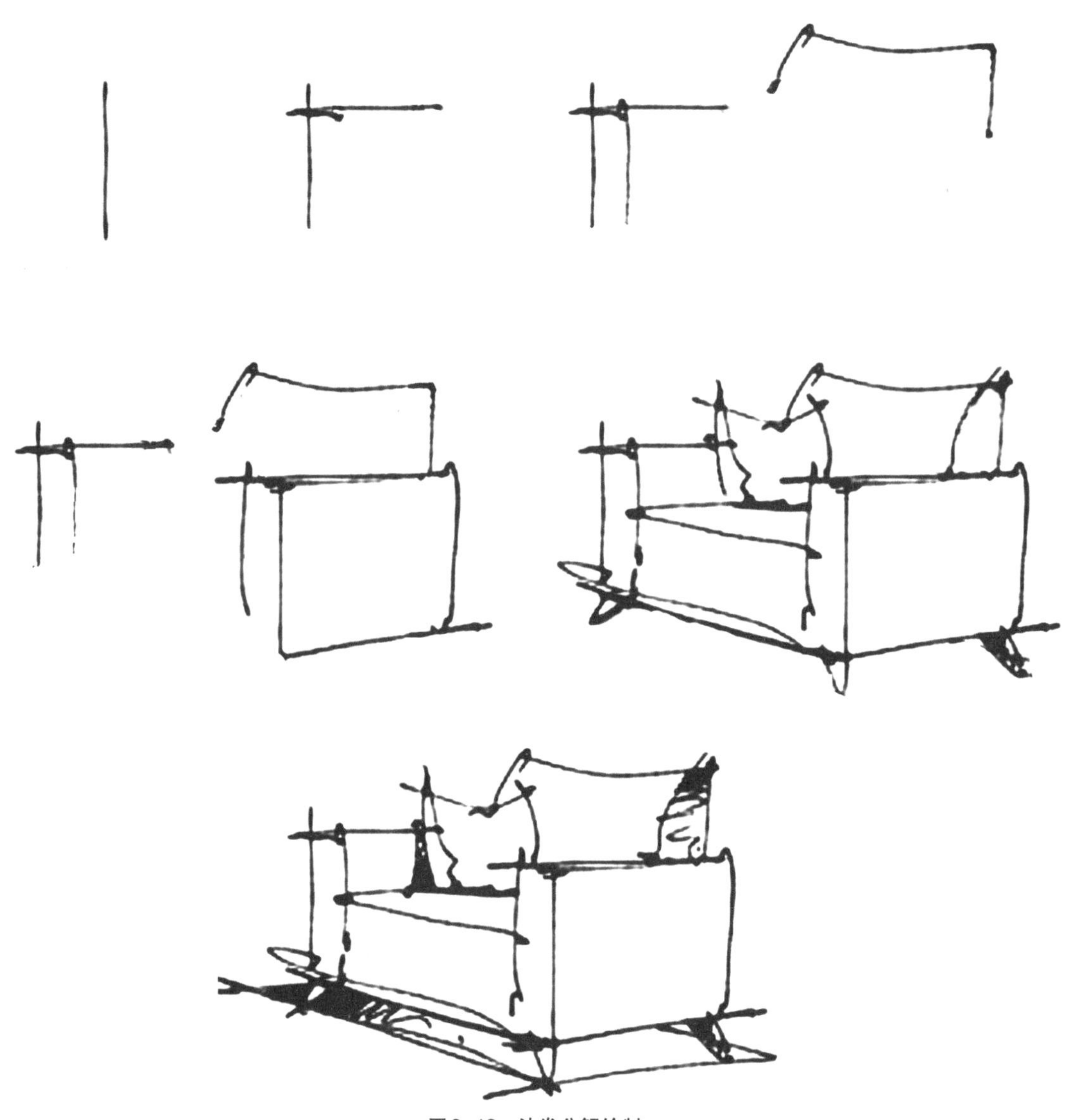

图2-13　沙发分解绘制

单体线稿绘制时注意用笔不要太过拘束，随意一些，线条要有力度和飘逸感。切忌刻意追求线的平直度，更不要在画线时用笔在纸上来回地磨。

注意：手绘并不要求标准的尺规直线，只要感觉和视觉上的“直”即可。

图2-14～图2-17所示为部分优秀学生的练习作品，初学者可以参照进行单体练习。线条熟练后，可以直接借鉴杂志或书籍中的室内照片进行临绘练习，一方面练习手绘技巧，一方面还可以收集一些自己喜欢、可以用于借鉴的室内设计素材。

图2-14 室内单体1

图2-15 室内单体2

图2-16 室内单体3

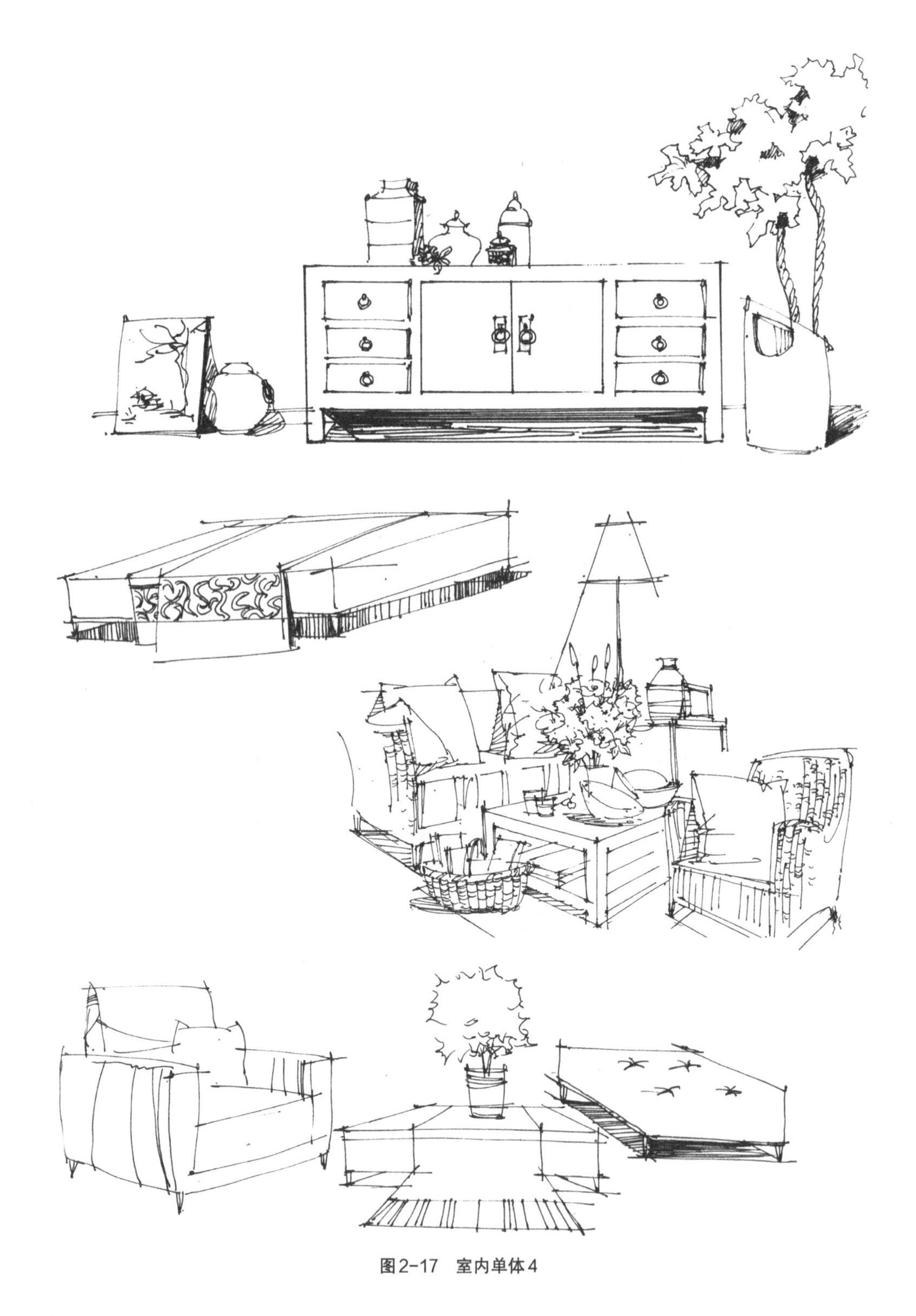

图2-17　室内单体4

习题

1. 绘制50款家具、灯具线稿。
2. 绘制20款组合家具线稿。

2.3 马克笔上色技巧

手绘单体上色主要使用的工具是马克笔和彩铅。马克笔笔头较为宽大，笔尖可以画细线，笔的斜面可以画粗线，通过线面结合的笔触来表达画面效果，其中尤以油性马克笔最为常用。油性马克笔常见色谱如图2-18所示。

100. 淡黄	221. 妃色	330. 淡蓝	520. 墨绿	C.01. 冷灰1	W.01. 暖灰1
120. 银色	204. 亮洋红	340. 雾蓝	501. 苍白绿	C.02. 冷灰2	W.02. 暖灰2
140. 熟黄	225. 粉红	302. 浅蓝	504. 浅绿色	C.03. 冷灰3	W.03. 暖灰3
102. 柠檬黄	229. 暗粉色	341. 墨藤	124. 黄绿色	C.04. 冷灰4	W.04. 暖灰4
104. 中黄	634. 亮紫罗	304. 钴蓝	542. 中绿色	C.05. 冷灰5	W.05. 暖灰5
106. 黄色	602. 淡紫色	364. 玉蜀黍花蓝	544. 橄榄绿	C.06. 冷灰6	W.06. 暖灰6
420. 肉色	637. 紫色	315. 波斯蓝	505. 新绿色	C.07. 冷灰7	W.07. 暖灰7
404. 亮黄	665. 暗粉色	316. 薄荷紫罗兰	553. 碧翠绿	C.08. 冷灰8	W.08. 暖灰8
406. 镉黄	607. 紫罗兰	317. 蓝色	506. 海水绿	C.09. 冷灰9	W.09. 暖灰9
407. 橘红	609. 深紫罗	531. 宝石蓝色	508. 绿色	C.10. 冷灰10	W.10. 暖灰10
215. 深红	200. 淡粉色	534. 青绿色	567. 深绿色	C.11. 冷灰11	W.11. 暖灰11
217. 镉红	741. 赤色	334. 波斯绿	539. 海绿色	801. 浅灰	821. 苍白灰
218. 红色	262. 淡玫瑰色	823. 黎明灰	841. 淡黎明	845. 绿灰	831. 淡灰
264. 竺葵红	730. 麦片色	824. 蓝灰色	153. 土黄色	847. 石板灰	808. 中棕色
208. 洋红色	843. 砖红	366. 枯蓝色	784. 深麦片	803. 灰褐色	764. 天然灰
266. 红葡萄酒色	736. 芥末色	339. 孔雀蓝	793. 浅棕色	805. 深灰色	767. 暗棕
268. 深红	732. 米黄	378. 深蓝	723. 沙黄色	828. 灰色	769. 深棕
285. 血红	705. 褐色	838. 中灰色	900. 黑色	900. 黑色	900. 黑色

图2-18　马克笔常见色谱

彩色铅笔笔头细，色彩丰富，多用于处理画面色彩的过渡和绘制较为精细的画面。使用方法和普通铅笔大致一样。

马克笔有3种主要笔触，分别是摆笔笔触、扫笔笔触和揉笔笔触，从左至右其画法如图2-19所示。效果如图2-20所示。

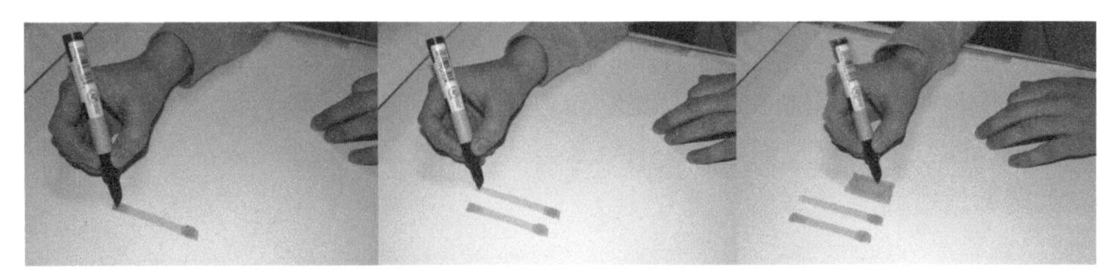

图2-19　马克笔的笔触

图2-20　马克笔的不同笔触效果

马克笔上色一般依据“总体色调上色—材质肌理表现—细化完善”的过程进行，如图2-21所示。

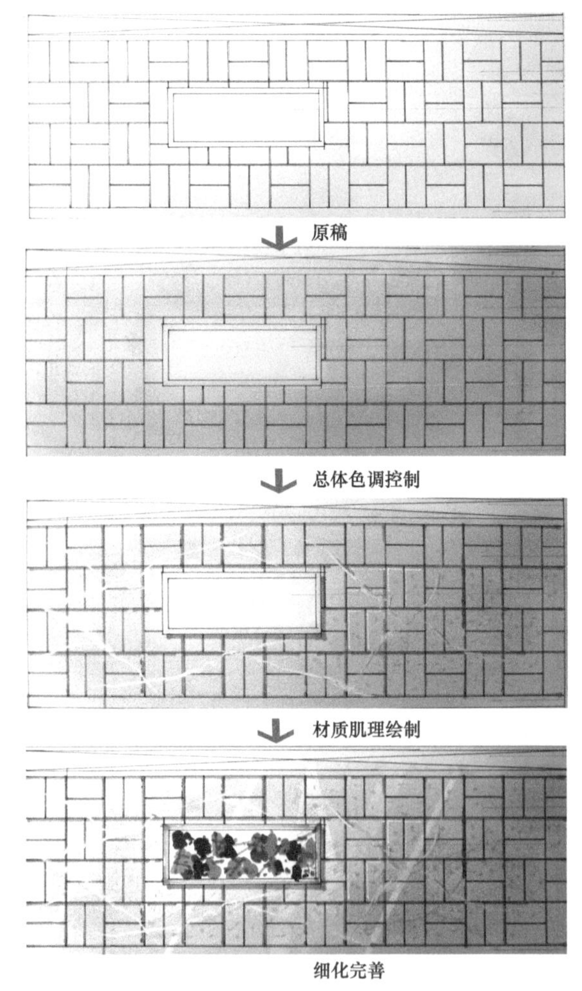

图2-21　上色步骤流程

室内手绘效果图涉及的物品较多，加上对于透视的要求较高，学习室内手绘效果图时切忌急于求成，要依据循序渐进的原则，从简单的物品如饰品或者家具的线稿和上色开始训练，慢慢过渡到局部空间的绘制，最后才进行最困难的整体空间绘制，如图2-22所示。（室内整体空间绘制将在后面的章节中进行详细的图解步骤介绍。）

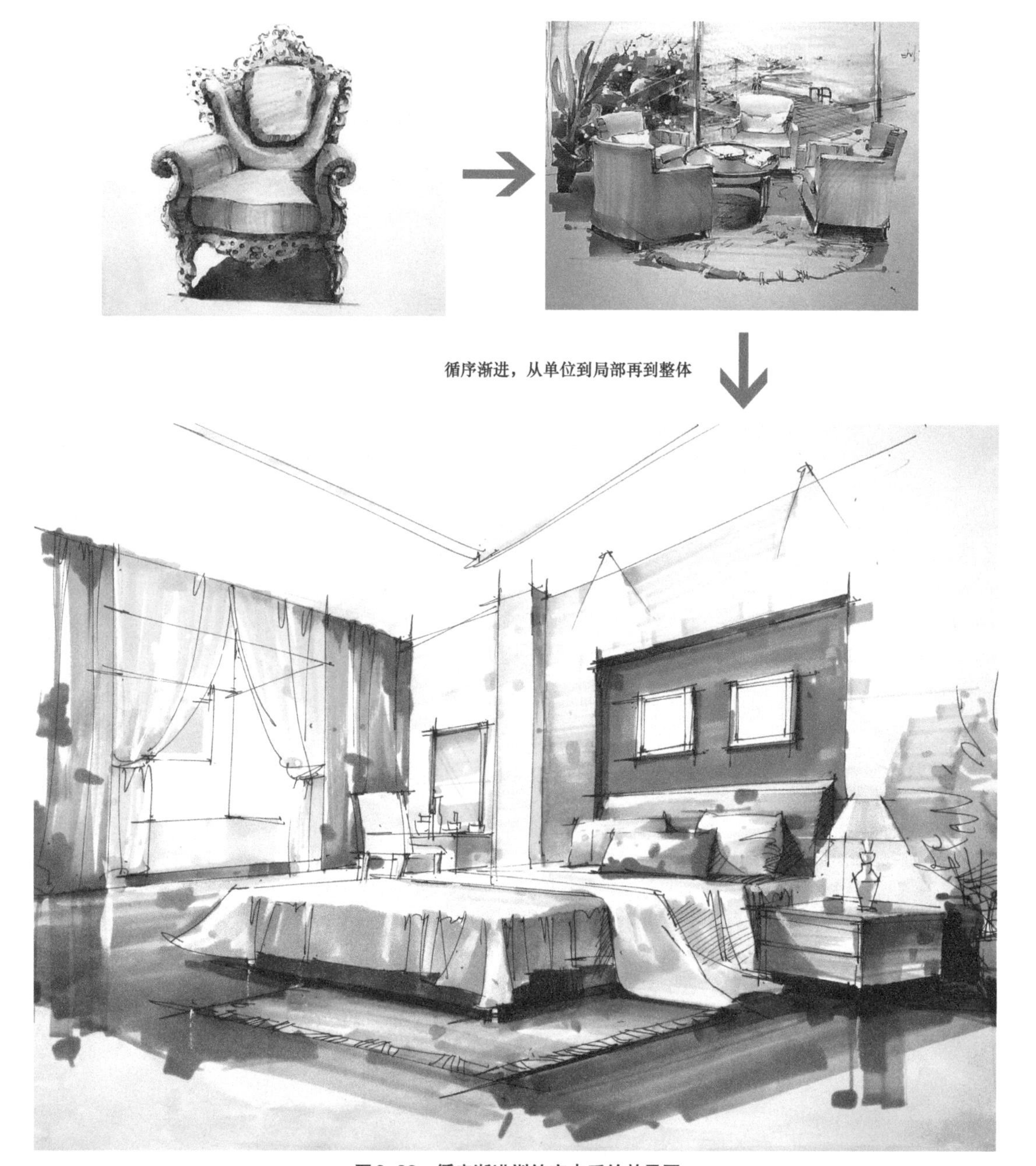

图2-22 循序渐进训练室内手绘效果图

习题

1. 使用马克笔及彩铅给之前习题时绘制的线稿上色。
2. 绘制20款组合家具线稿并上色。

2.4 景观单体及组合绘制步骤图解

景观设计不仅仅局限于室外，目前室内也开始进行景观设计，不仅仅是在景观阳台上，很多户型目前都带有入户花园。其实无论是室内景观或室外景观，在手绘效果图中其绘制原理基本上是一样的。单体植物绘制步骤如图2-23和图2-24所示。组合景观绘制如图2-25至图2-27所示。

图2-23 植物绘制步骤图解1

图2-24 植物绘制步骤图解2

图2-25　组合景观绘制步骤图解1

图2-26 组合景观绘制步骤图解2

图2-27　组合景观绘制步骤图解3

习题

1. 练习100棵单体着色植物。
2. 练习50个局部着色景观。

第3章 透视画法

透视对于手绘效果图表现来说是非常重要的，如果说“线”是效果图的“骨”，那么“透视”就是效果图的“形”。没有“形”，只有“骨”，空间是“立”不住的。设计透视主要有3种，分别是一点透视、两点透视和微角透视。

3.1 一点透视画法

一点透视又称平行透视，即人的视线与所观察的画面平行，斜线消失于一个点，这就像是人站在铁轨中间看铁轨的远方，两条平行的轨道最终在远端汇接成一点。一点透视如图3-1所示。其优点是构图稳定、庄重，空间效果开敞，缺点是画面相对其他透视显得有些呆板。

图3-1 所有斜线均消失于一个点

例：试画一幅宽为4m、高3m、深4m的室内空间一点透视图。绘制步骤如下。

（1）画出后墙立面。画出4m×3m的后墙立面A'B'C'D'，即A'B'为宽，A'D'为高。并将A'B'等分为4段，A'D'等分为3段，每段长度代表实际长度的1m，如图3-2所示。

（2）画视平线。在基线上方1.5m高度上画水平直线HL，并将这条直线定为视平线，如图3-3所示。视平线靠上则主要表现地面空间，视平线靠下则主要表现天花空间。

（3）定消失点。在视平线上根据画面需要任意定一个点VP，这个点就是这幅画的消失点。消失点靠左则主要表现右面空间，消失点靠右则主要表现左面空间。定好消失点后，将消失点与4个墙角用线连接并延伸，在延伸线上画内墙，这样就形成了透视空间，如图3-4所示。这是由外及内的方式，也可以由内向外画。

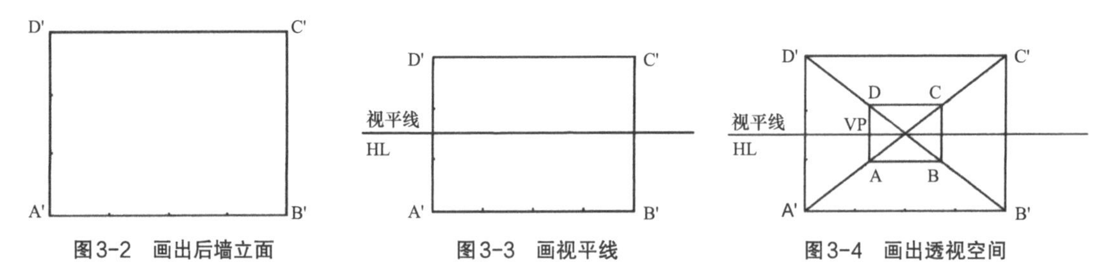

图3-2 画出后墙立面　　图3-3 画视平线　　图3-4 画出透视空间

（4）定测点。在视平线上任意定一点为测点，与A'B'的等分线段连线，得出空间的进深的分段，每一个分段均代表1m，如图3-5所示。

（5）根据真实尺寸绘制出室内家具即可，如图3-6所示。

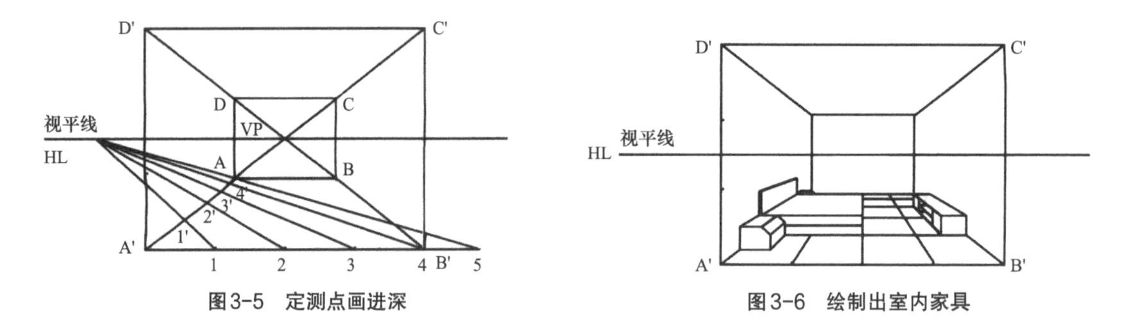

图3-5 定测点画进深　　图3-6 绘制出室内家具

习题

1. 根据平面图，用尺规绘制一个标准的室内一点透视空间。
2. 根据平面图，不用尺规随手绘制一个简单的室内一点透视空间。

3.2 两点透视、微角透视画法

两点透视又称成角透视，其垂直线平行于画面，而水平线倾斜消逝于两个消失点，形成倾斜的画面效果。两点透视的优点是构图生动、活泼，立体感较强；缺点是视角选取不好容易造成变形，不易控制，如图3-7所示。

例：试画一幅左墙宽度为4m、右墙宽度为4m和墙面高度3m的室内空间两点透视图。

绘制步骤如下。

（1）绘制一条代表墙面高度的垂直直线AB，即AB=3000mm。并将原线AB等分为3段，每段表示实际长度的1m长。并在墙高1.6m处画出视平线HL，与AB垂直线交点为VC，如图3-8所示。

图3-7 两点透视范例

（2）定消失点和测点。由点VC在视平线HL上向右量取右墙的长度4m为右测点M_1，再加4m为右消失点VP_2；向左量取左墙的长度4m为左测点M_2，再加4m为左消失点VP_1（如果左墙为3m，则向左量取左墙的长度3m为左测点，再加3m为左消失点，其他情况依此类推），如图3-8所示。

（3）定空间进深点。自A点画一条基线EF，左右各等分4段，代表左右墙的宽度；然后分别以左、右测点连接基线EF上的等分点，并与左、右墙角线相交成若干点，这些相交的点就是左右墙面的进深点，如图3-9所示。

（4）再将这些进深点与左、右两个消失点连接，绘制出了地板格，得出两点透视室内立体空间，如图3-10所示。最后按照真实尺寸进行家具及造型绘制即可。

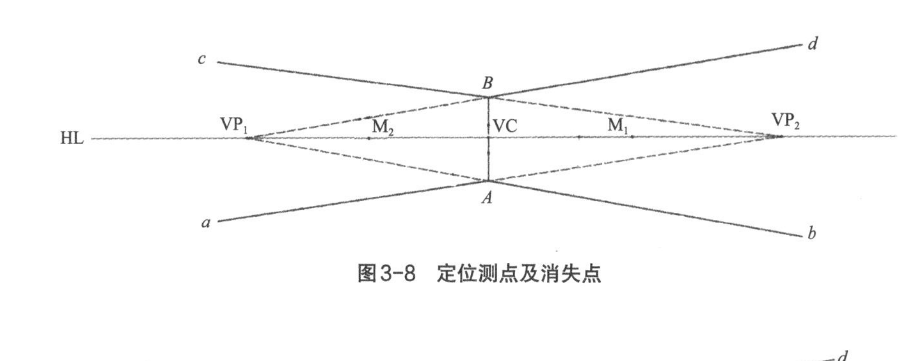

图3-8 定位测点及消失点

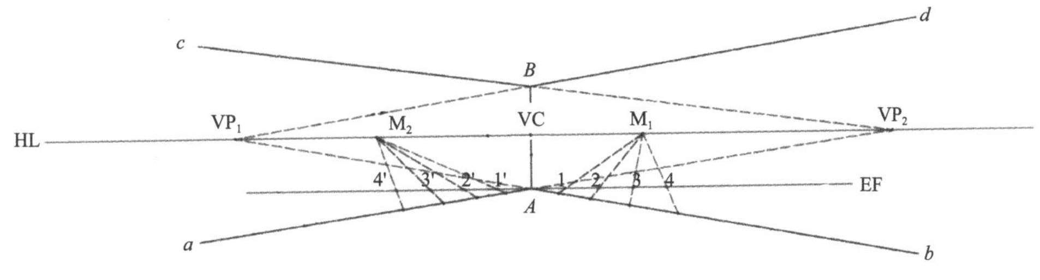

图3-9 定位空间进深点

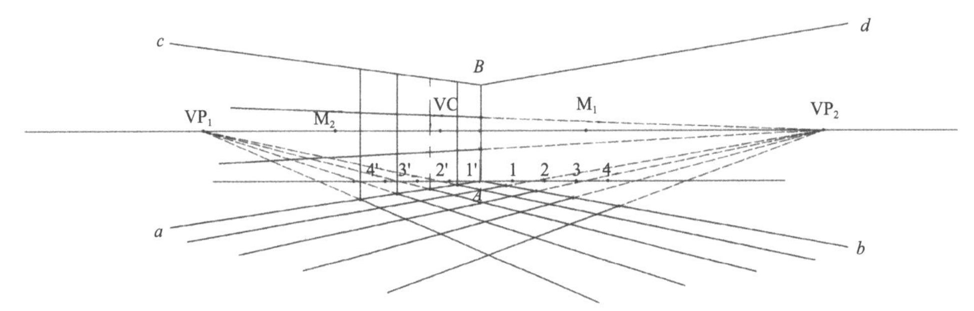

图3-10 完成两点透视空间基本形

当人正对着一个内墙面看到的透视即为一点透视，如果站在靠近墙脚线处则看到的是两点透视。如果一个人对着内墙面，但是却不正对，而是斜站，此时看到的透视则介于一点透视和两点透视之间，即为微角透视。微角透视也称一点斜透视，具有两个消失点（左、右两个消失点），其中一个点在画面内，另一个点则远离画面，造成画面微微倾斜效果。微角透视兼具一点透视和两点透视的优点，画面既宽阔、舒展，又有一定的立体感，如图3-11所示。

图3-11 微角透视范例

微角透视比较易于好理解，内墙面略微倾斜，竖向线垂直，进深的线条朝向画面内的消失点，横向上的线条则朝向画面外的消失点，如图3-12所示。

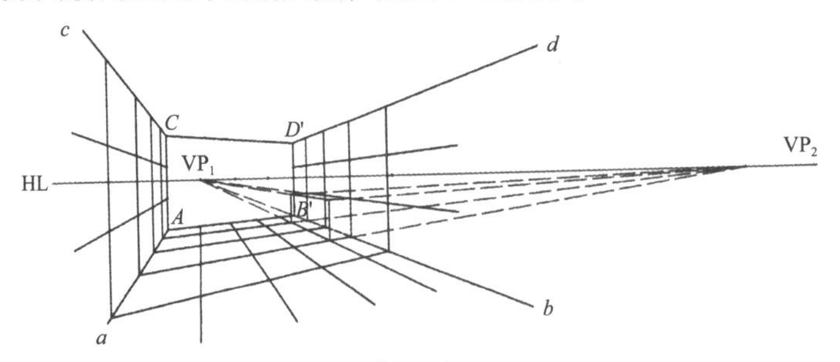

图3-12 微角透视作图原理图

习题

1. 根据平面图，用尺规绘制一个标准的室内两点透视空间。
2. 根据平面图，用尺规绘制一个标准的室内微角透视空间。
3. 根据平面图，不用尺规随手绘制一个室内两点透视空间。
4. 根据平面图，不用尺规随手绘制一个室内微角透视空间。

第4章
室内、建筑、园林景观效果图绘制步骤图解

手绘效果图应用于设计的各个领域，大体上可以分为室内设计手绘效果、建筑设计手绘效果、园林景观设计手绘效果。不管是哪一种方向的手绘效果图，其技法都是大同小异的。在能够运用好线条，准确地给物体上色和掌握了透视原理后，就可以进行综合空间的绘制。

4.1 室内空间一点透视绘制步骤图解

4.1.1 线稿绘制步骤图解

（1）依据一点透视原理及绘制方法，绘制出空间的基本框架和进深等分线，再根据平面布置图绘制家具轮廓线，如图4-1所示。

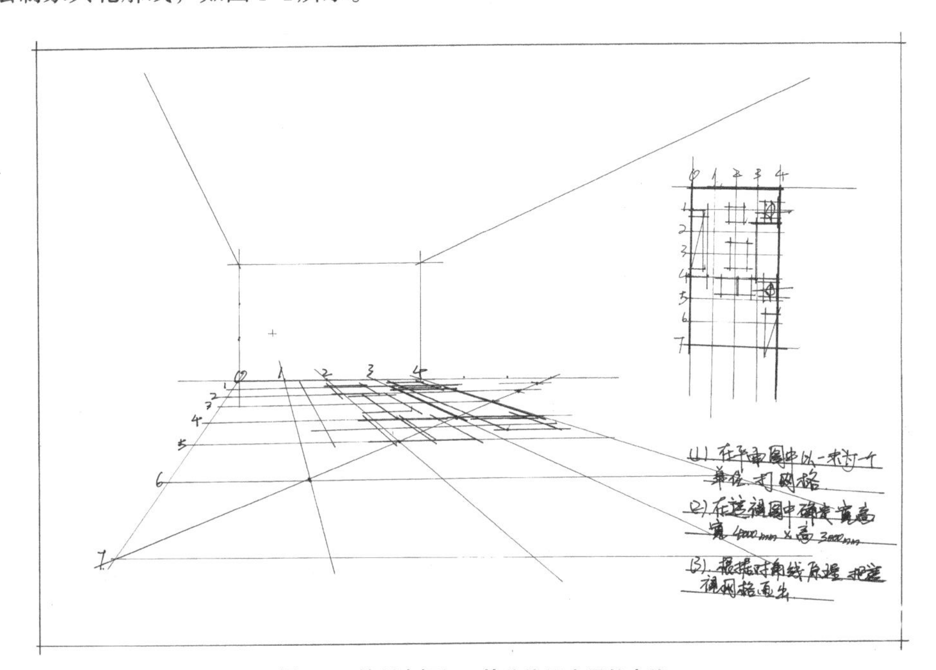

图4-1 绘制出框架、等分线及家具轮廓线

（2）进一步完善家具及墙面造型轮廓，如图4-2所示。本案例为了方便观察，每一个步骤图均未在原基础上添加，而是重新绘制，初学者临摹时依次添加相关线条即可。

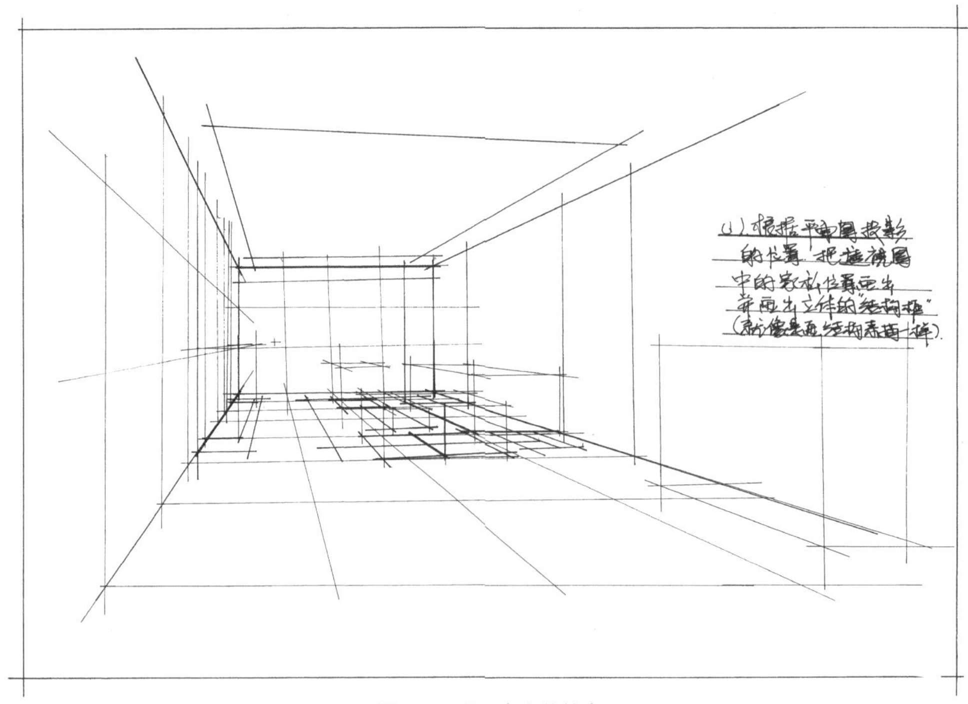

图4-2　进一步完善轮廓

（3）从外至内完善细节，如图4-3所示。

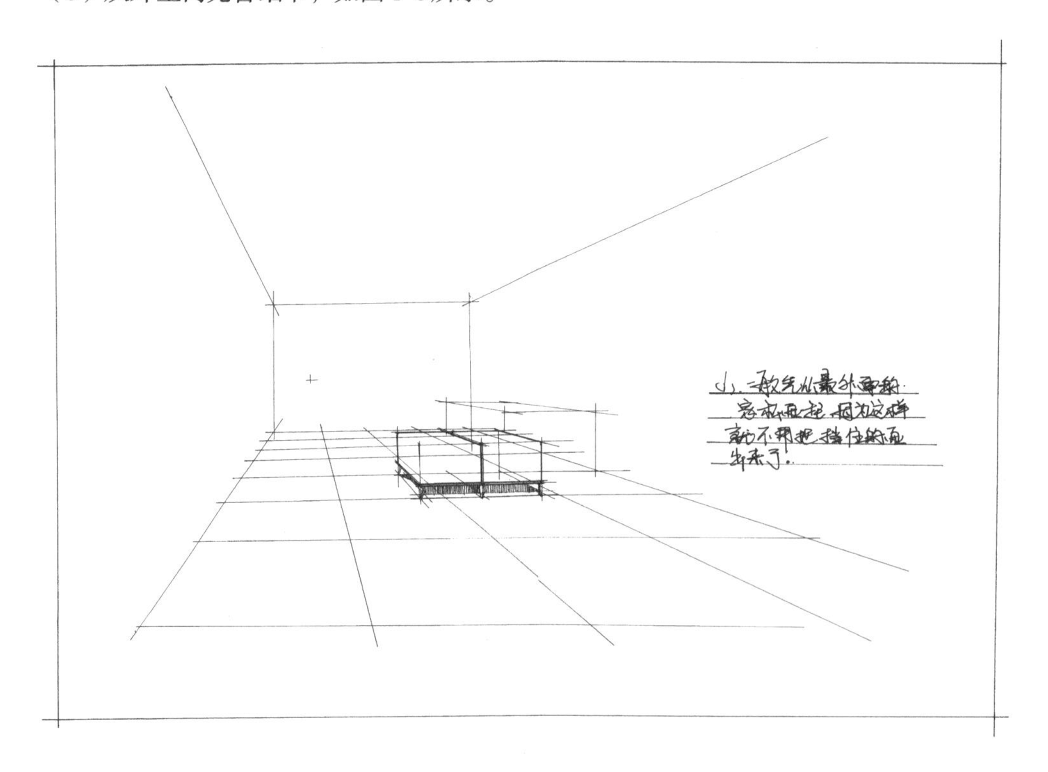

图4-3　从外至内完善细节

（4）依据从近至远的原则绘制家具形体及天花、墙面造型，如图4-4所示。

图4-4 完成基本造型及家具

（5）细化绘制家具及墙面天花造型，最终完成手绘线稿，如图4-5所示。

图4-5 完成最终手绘线稿

一点透视相对还是较为简单的，只要有耐心，依据透视原理，从远到近绘制，肯定可以画好。下面几张一点透视手绘线稿可以作为临摹使用，如图4-6～图4-8所示。

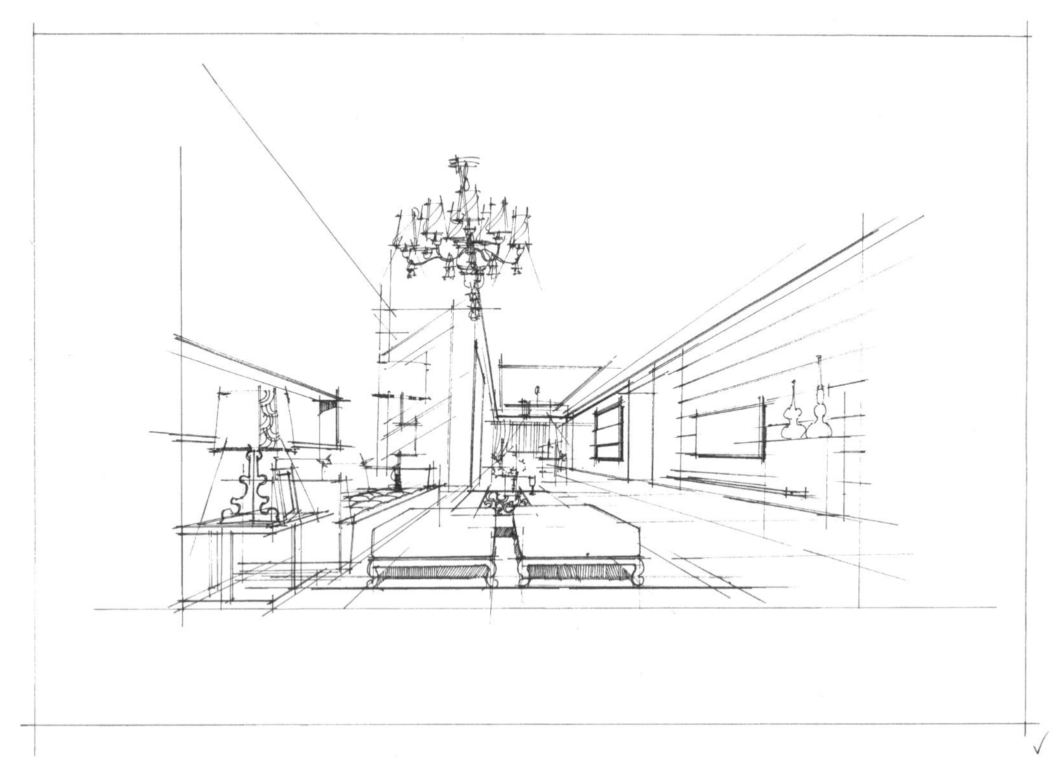

图4-6　一点透视手绘线稿1

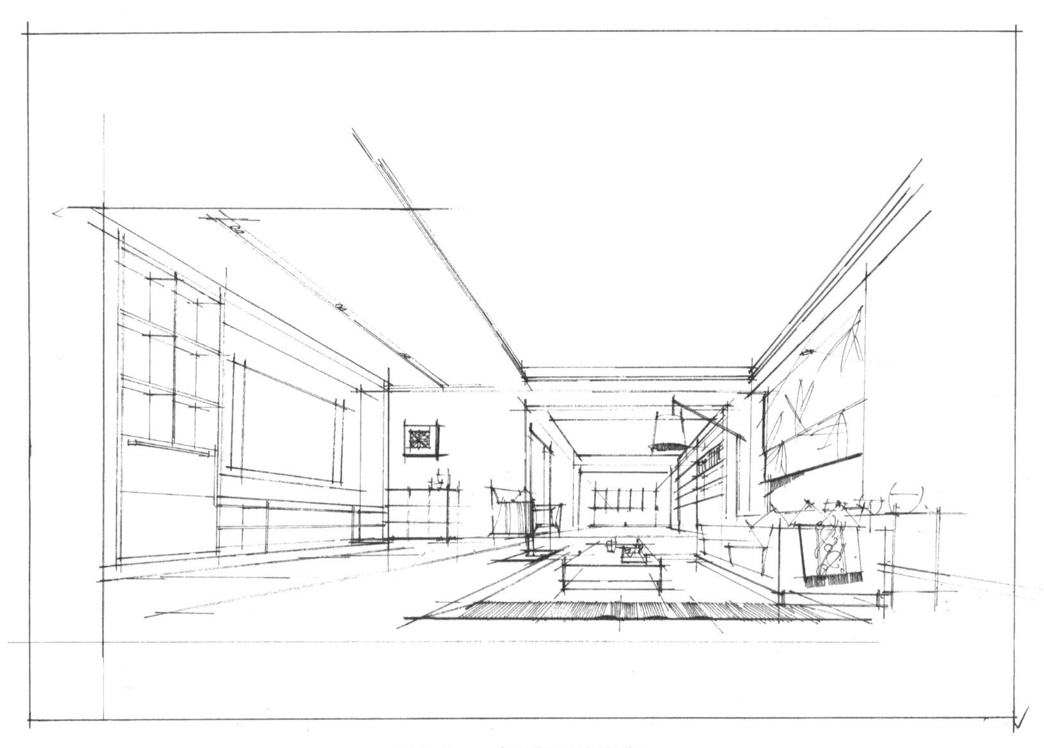

图4-7　一点透视手绘线稿2

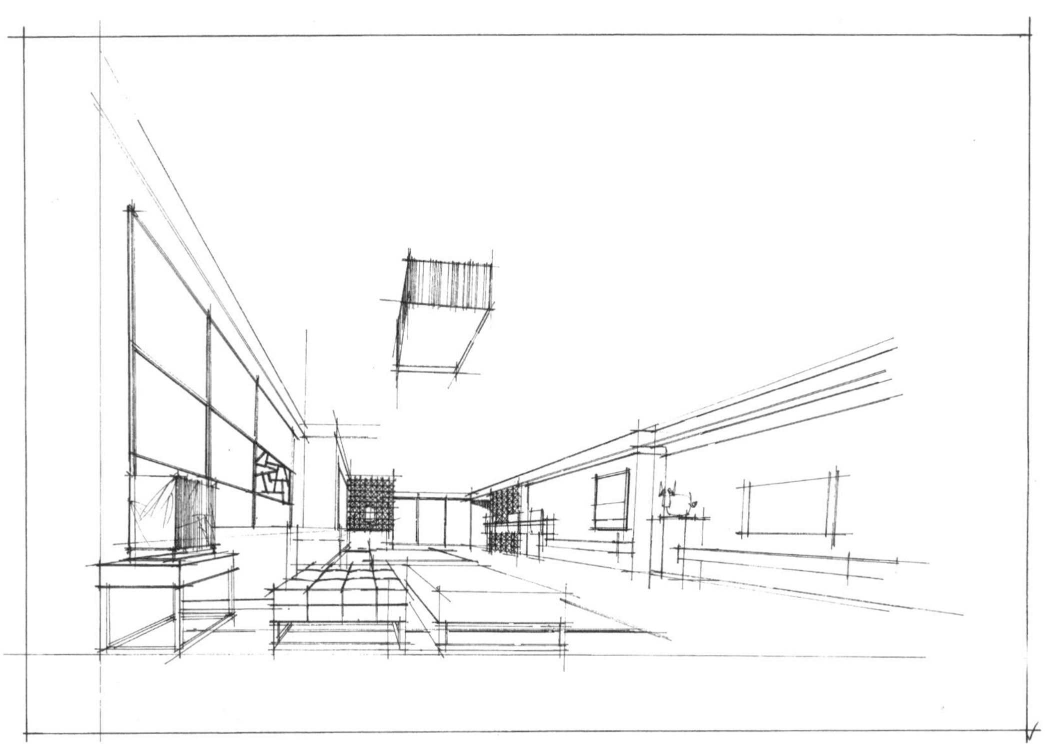

图4-8 一点透视手绘线稿3

4.1.2 上色步骤图解

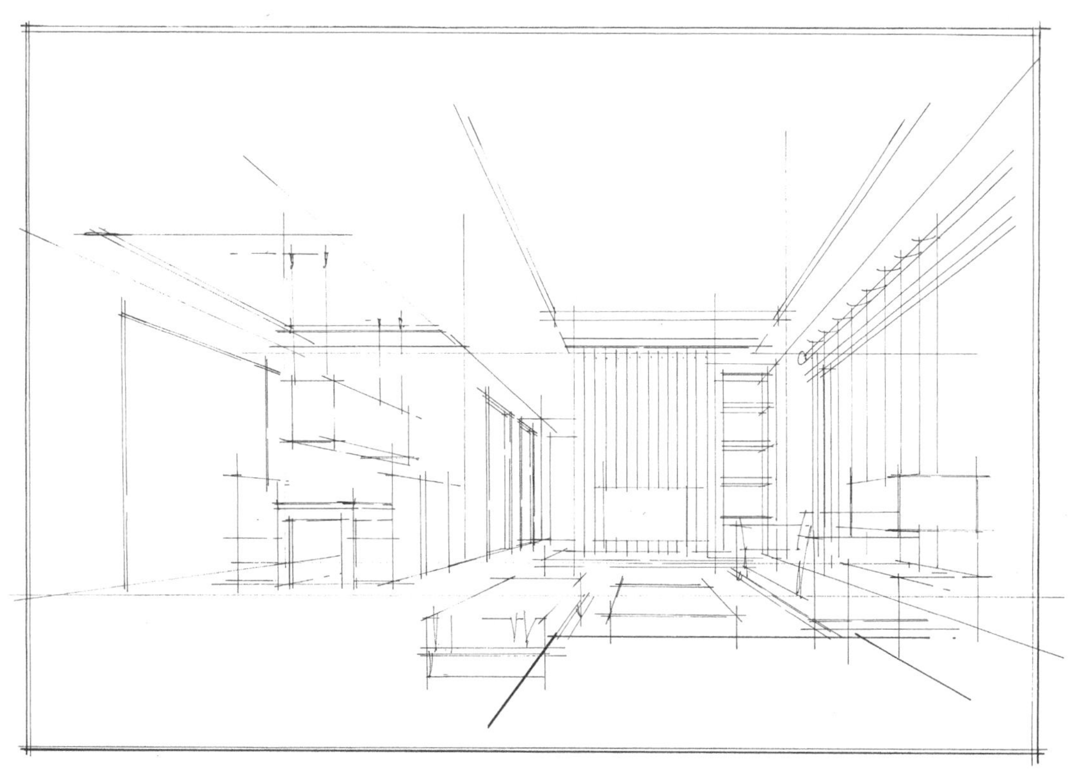

图4-9 原始线稿

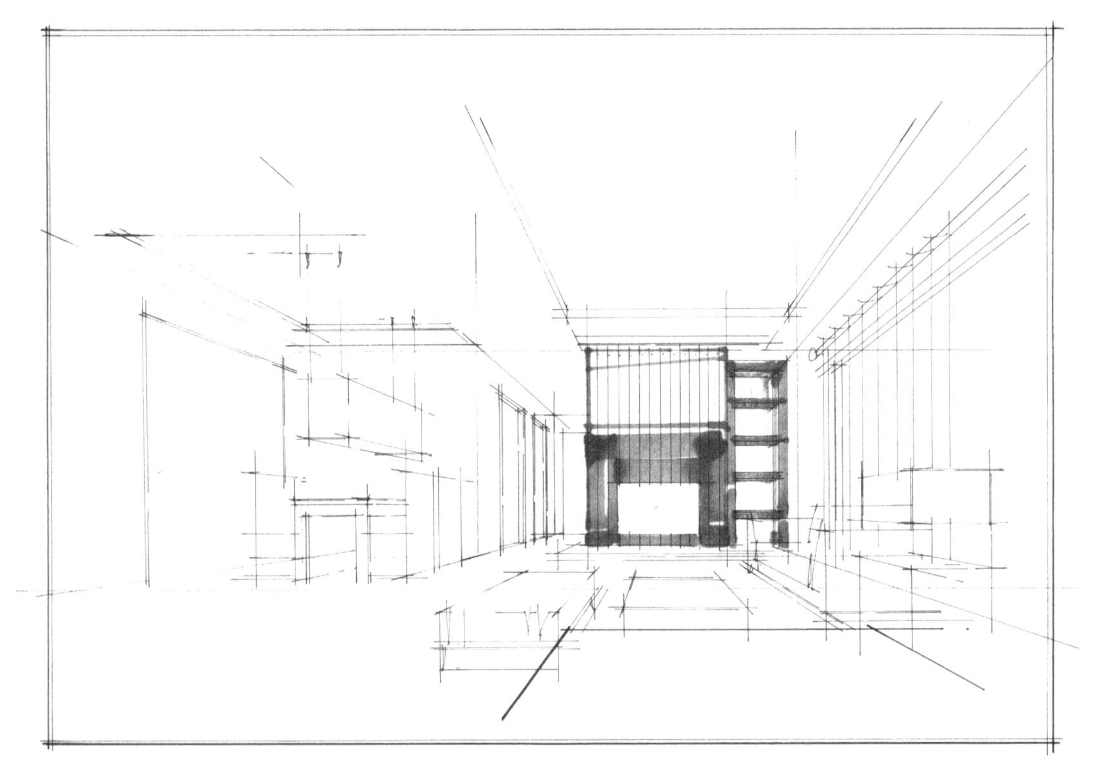

图4-10　上色第一步

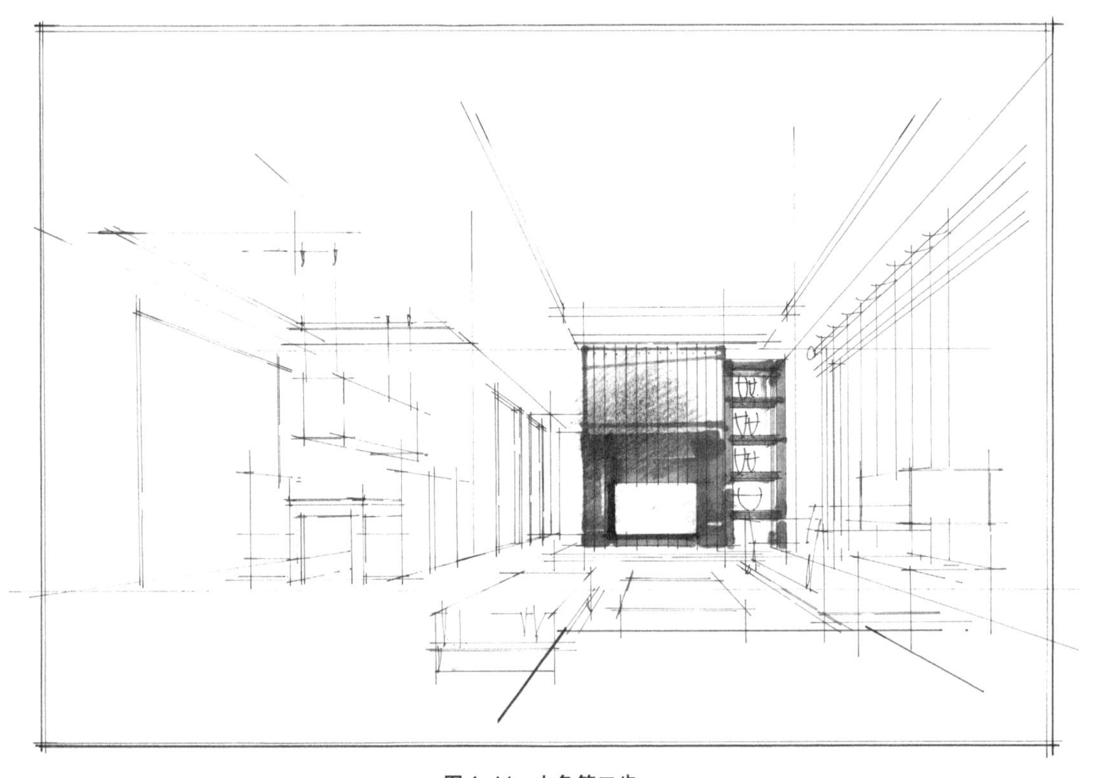

图4-11　上色第二步

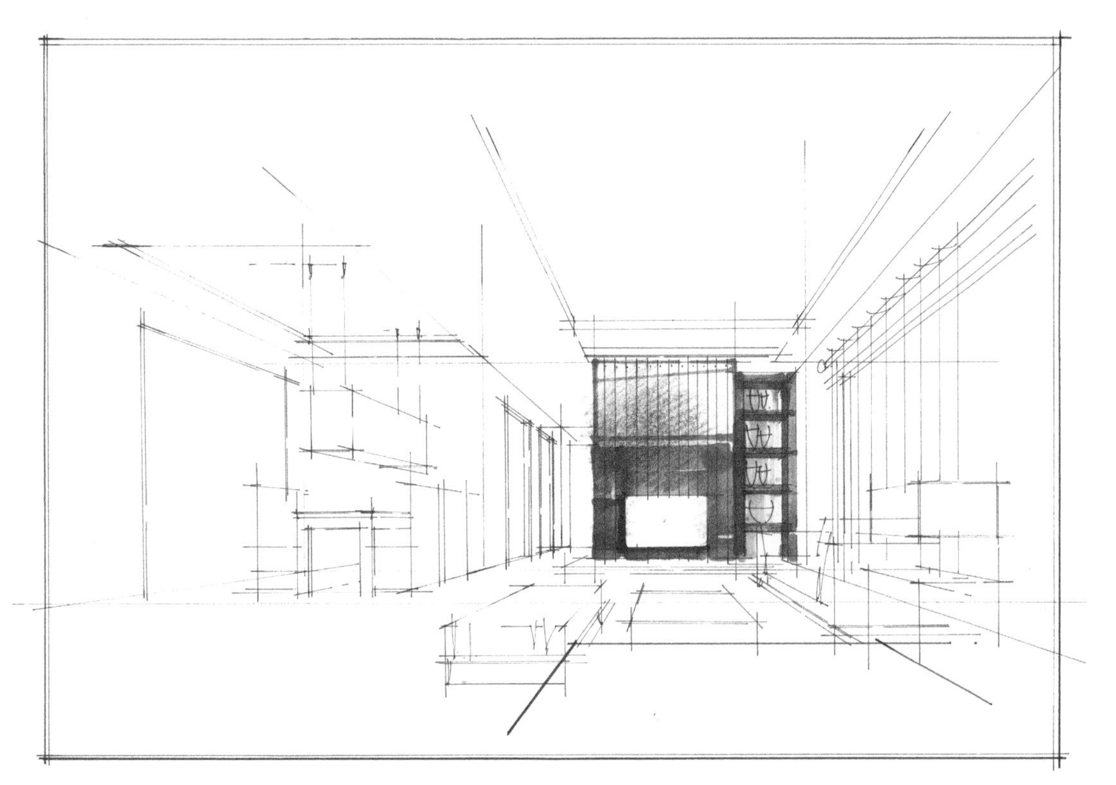

图4-12 上色第三步

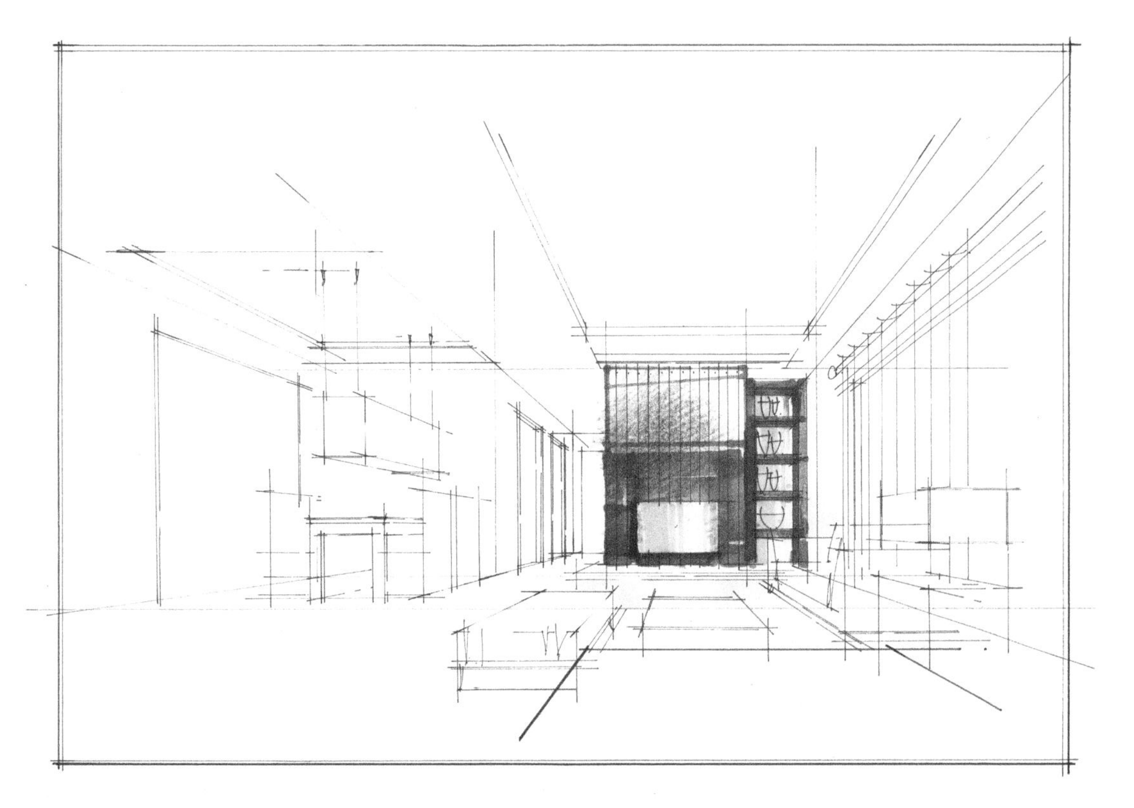

图4-13 上色第四步

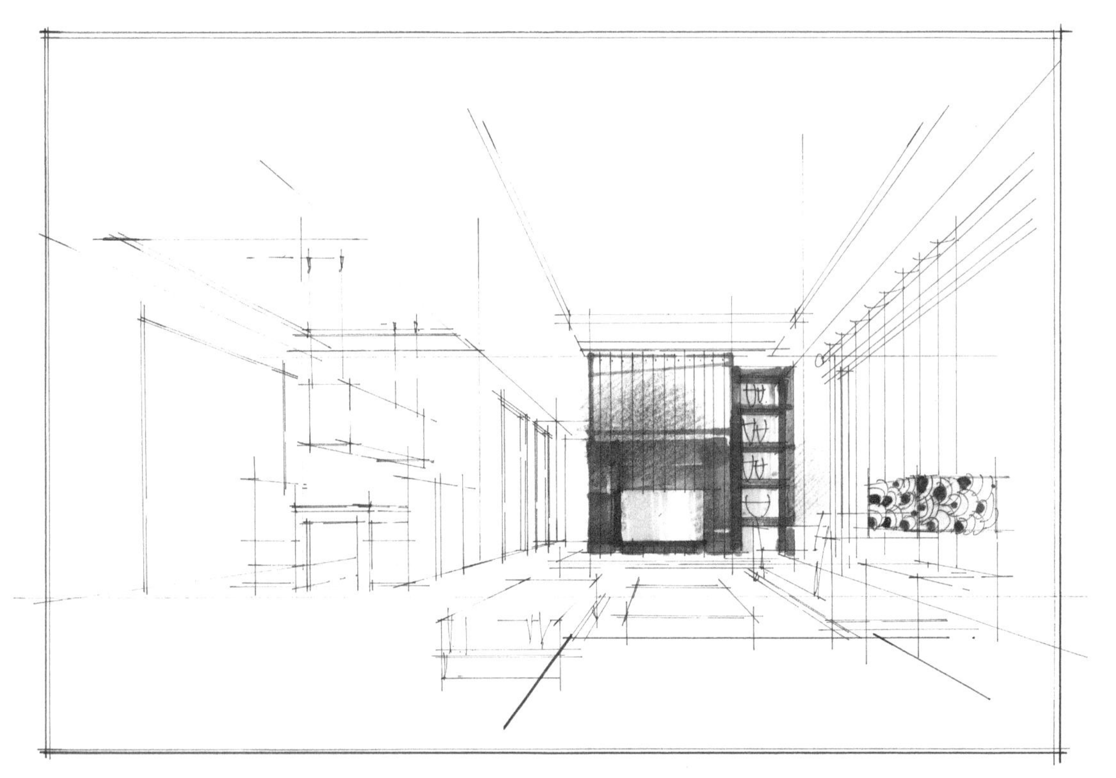

图4-14　上色第五步

图4-15　上色第六步

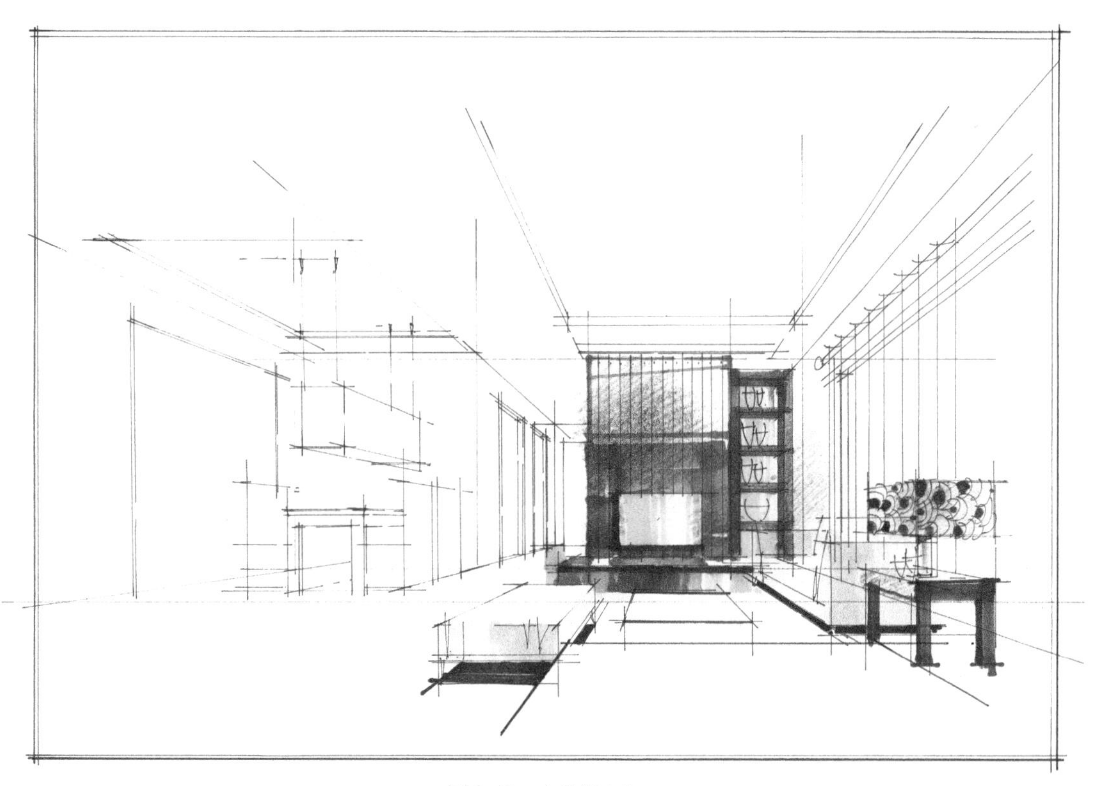

图4-16 上色第七步

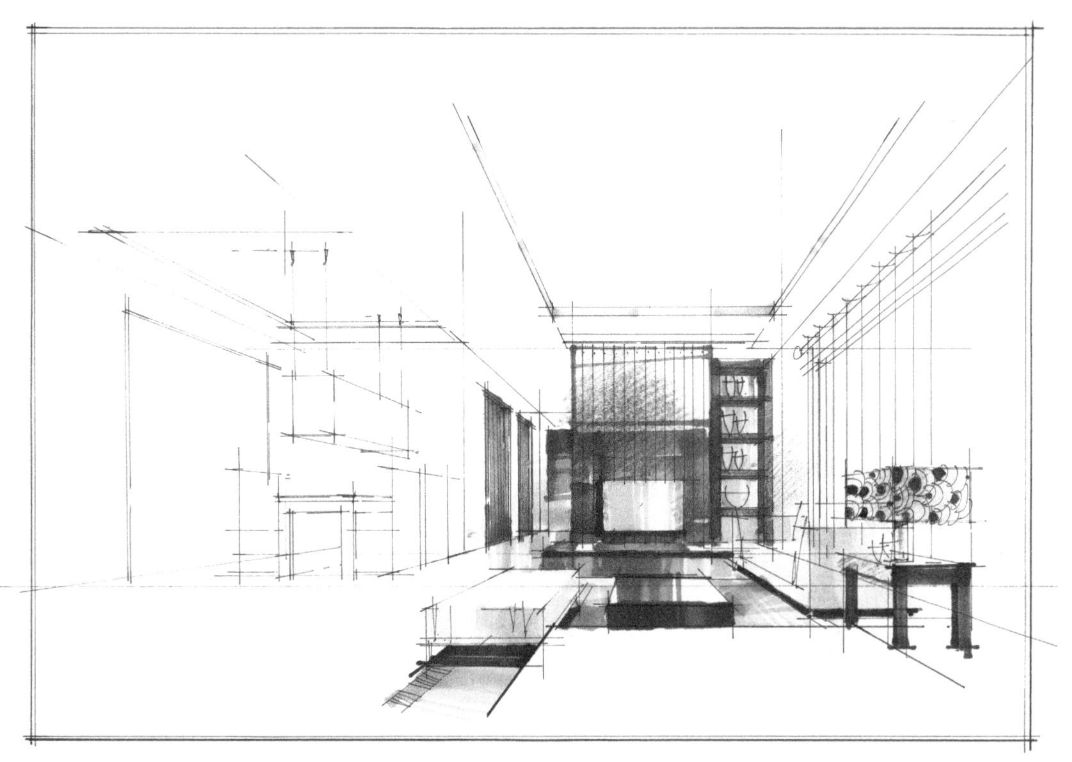

图4-17 上色第八步

图4-18　上色第九步

图4-19　上色第十步

图4-20 最终完稿

习题

1. 临摹两个室内一点透视空间线稿。
2. 创作一个室内一点透视空间线稿。
3. 临摹及创作室内一点透视空间上色训练各一个。

4.2 室内空间两点透视绘制步骤图解

4.2.1 线稿绘制步骤图解

（1）首先确定平面布置，分段并定位好透视角度，如图4-21所示。

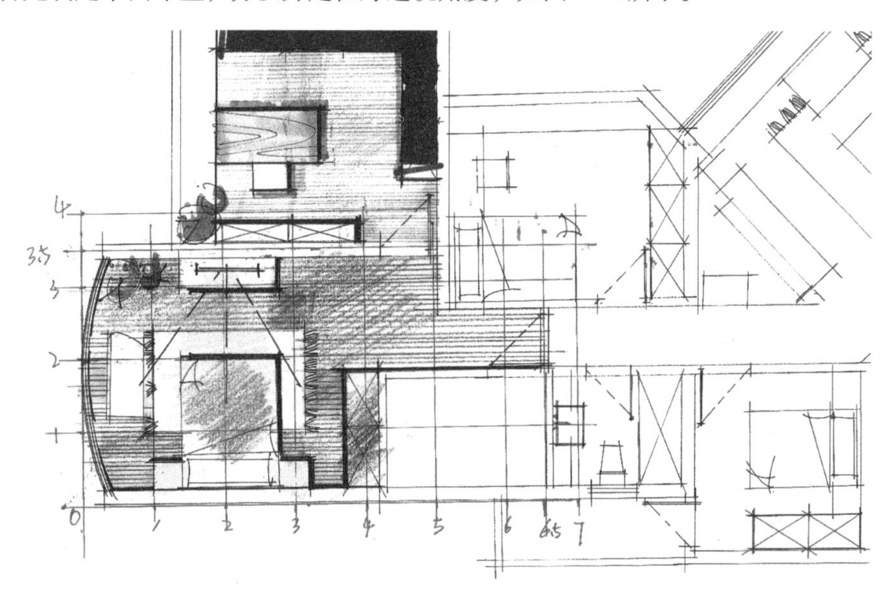

图4-21 确定平面布置

（2）在纸上绘制出高度上的分段线，并定好两个灭点，如图4-22所示。

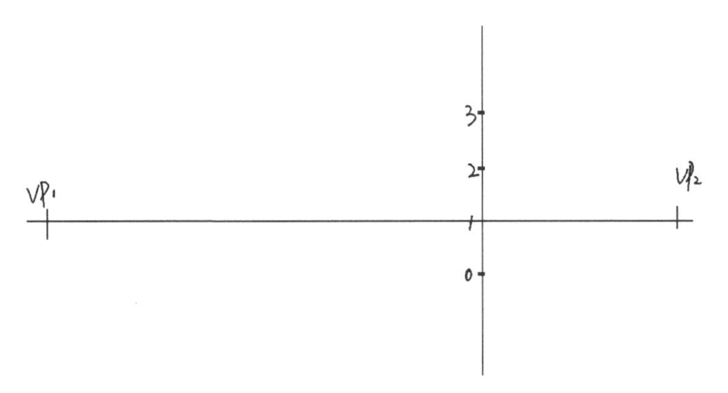

图4-22　绘制出高度上的分段线并定好两个灭点

（3）绘制出墙面分格线，如图4-23所示。

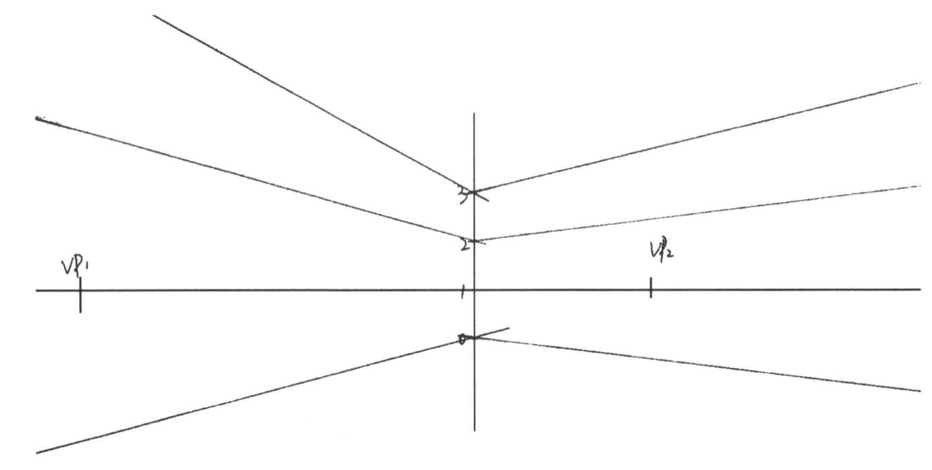

图4-23　绘制出墙面分格线

（4）绘制出地面分格线，如图4-24所示。

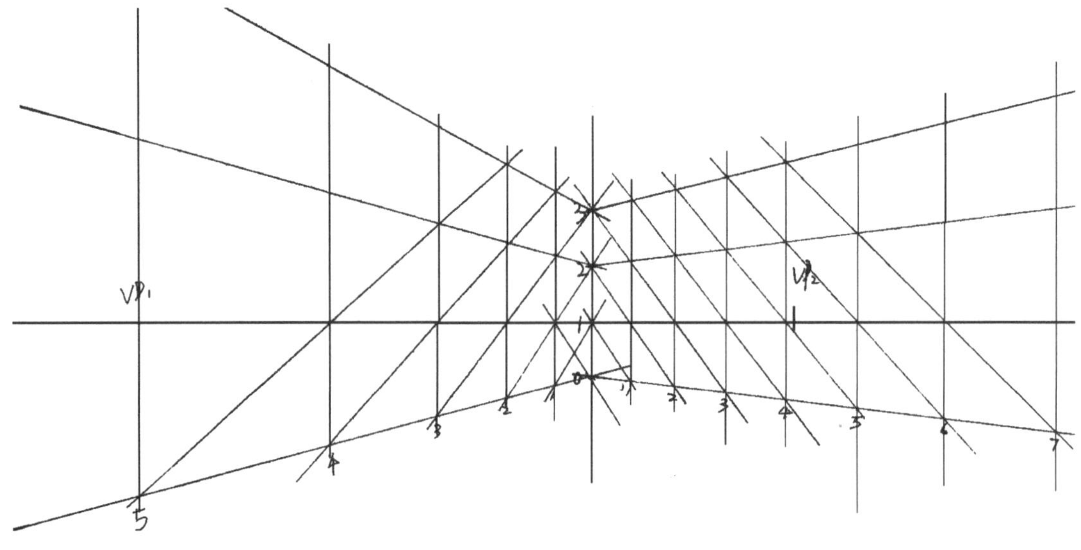

图4-24　绘制出地面分格线

（5）绘制出室内家具大致轮廓线，如图4-25所示。

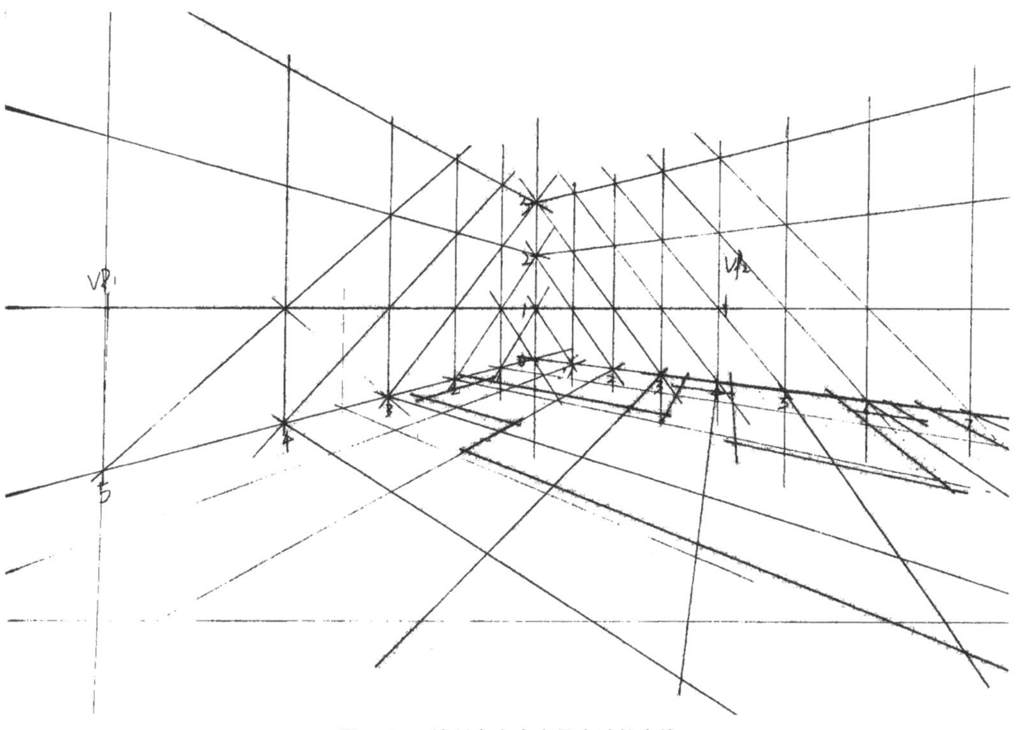

图4-25　绘制出室内家具大致轮廓线

（6）绘制出天花轮廓，如图4-26所示。

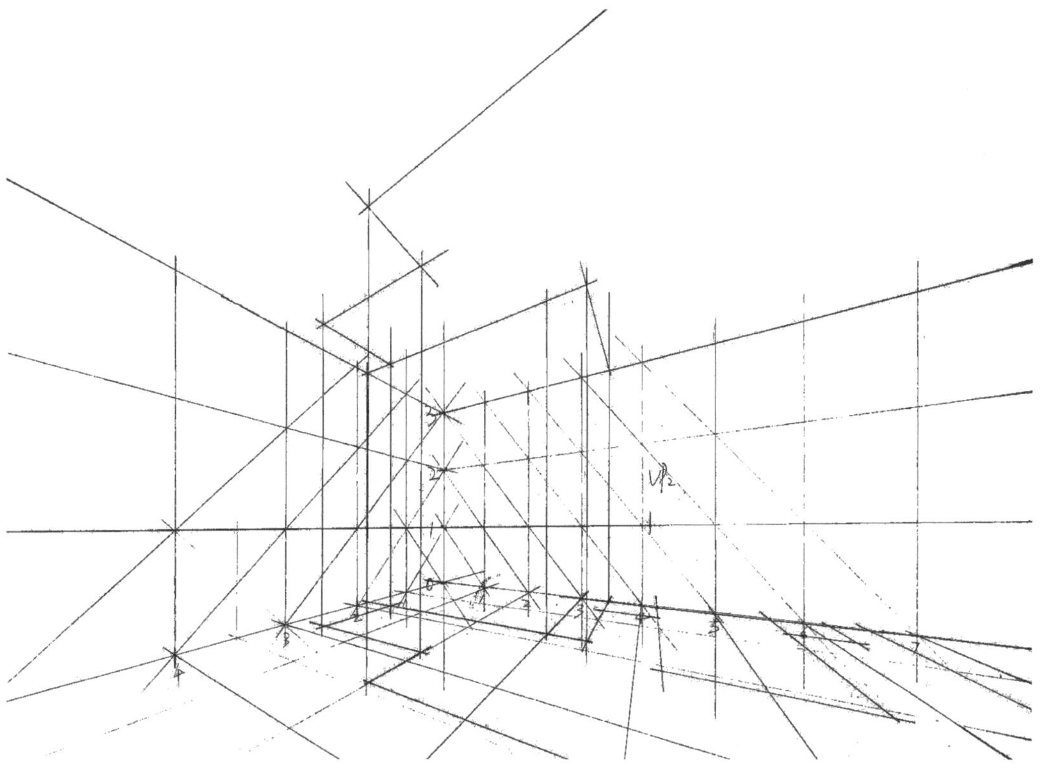

图4-26　绘制出天花轮廓

（7）依据平面布置图，绘制出墙面造型及家具轮廓，如图4-27所示。

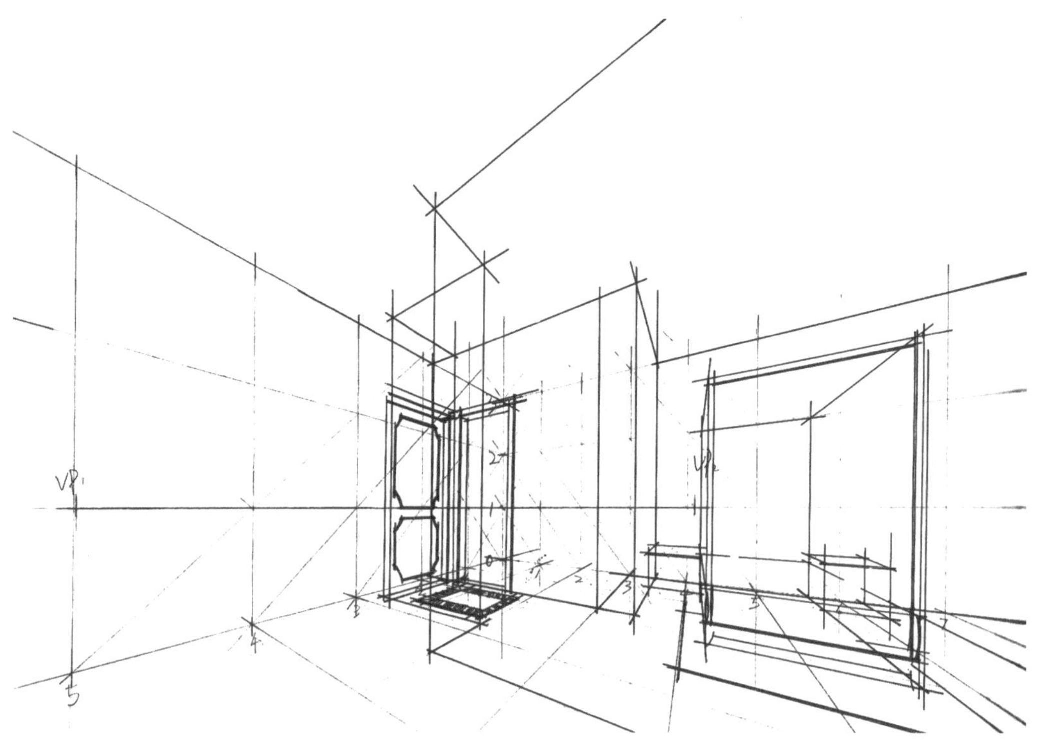

图4-27 绘制出墙面造型及家具轮廓

（8）细化绘制家具及墙面造型，如图4-28所示。

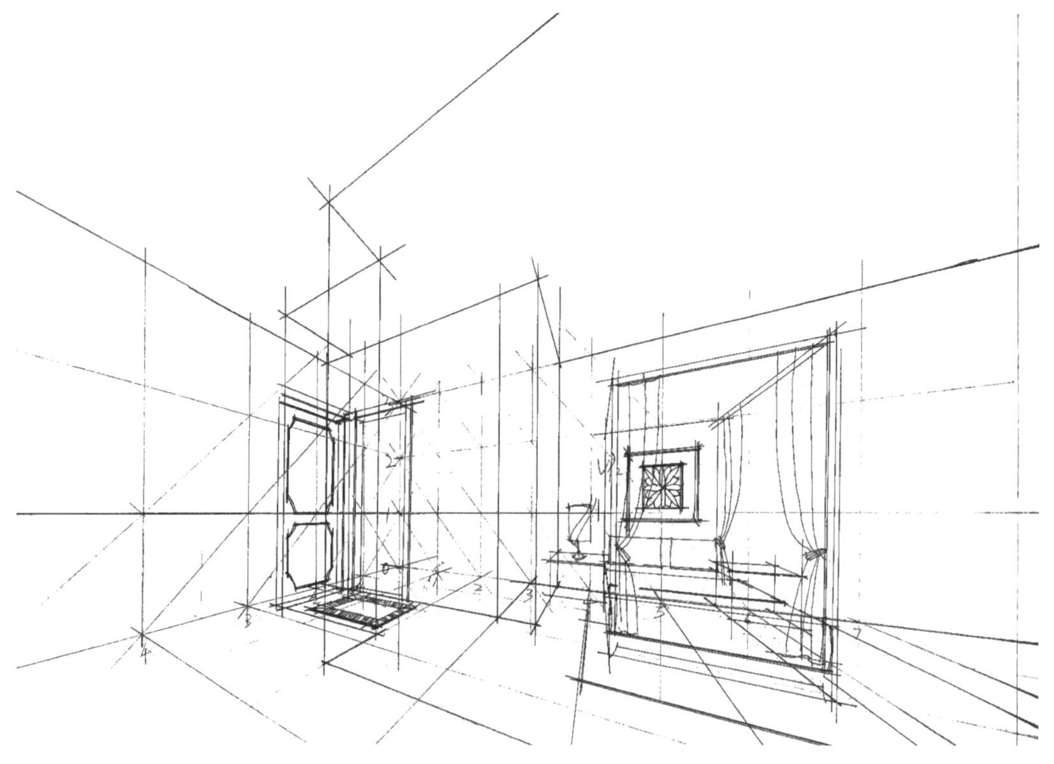

图4-28 细化绘制家具及墙面造型

（9）进一步细化绘制家具及墙面造型，并绘制木地板分格线，如图4-29所示。

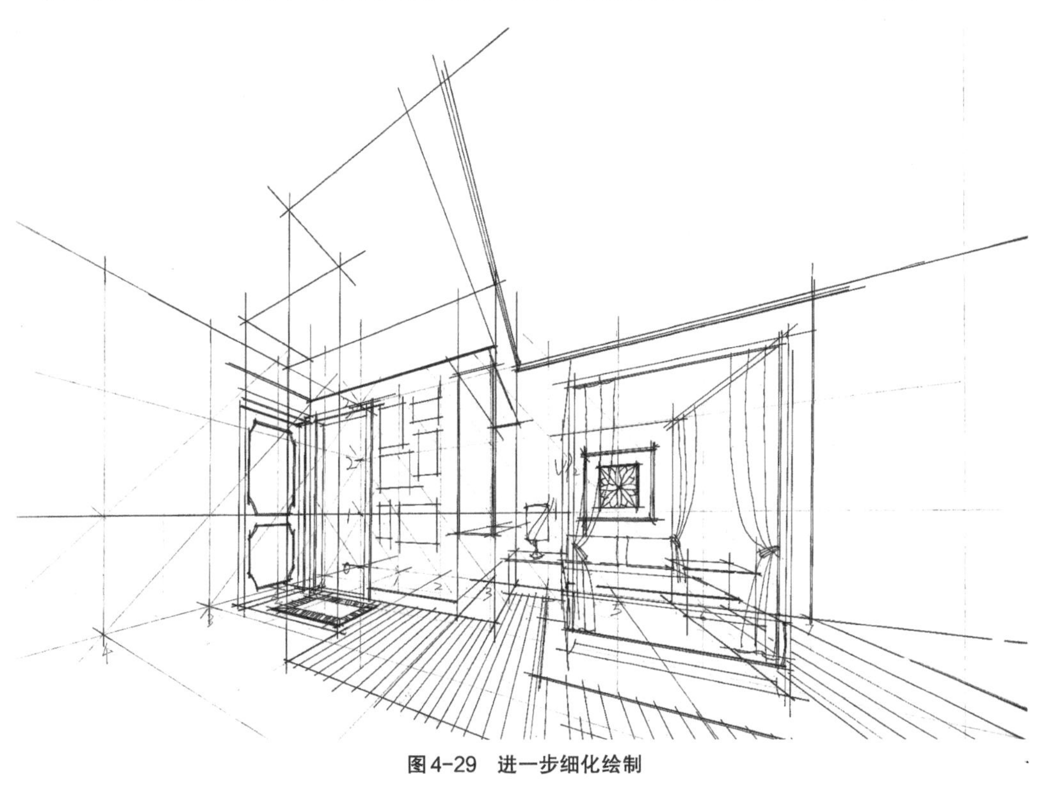

图4-29 进一步细化绘制

（10）绘制完毕，清洁画面，擦除不需要的线条及符号。最终效果如图4-30所示。

图4-30 清洁画面后最终效果

4.2.2 上色步骤图解

室内空间的两点透视上色和一点透视上色技法基本一样，限于篇幅，将上色步骤简化为3个步骤，如图4-31～图4-33所示。

图4-31 主色调上色

图4-32 材质肌理上色

图4-33 整体完善

习题

1. 各临摹一个室内两点与微角透视空间线稿。
2. 各创作一个室内两点与微角透视空间线稿。

4.3 建筑效果图绘制步骤图解

（1）依据透视原理，绘制出建筑的框架，如图4-34所示。

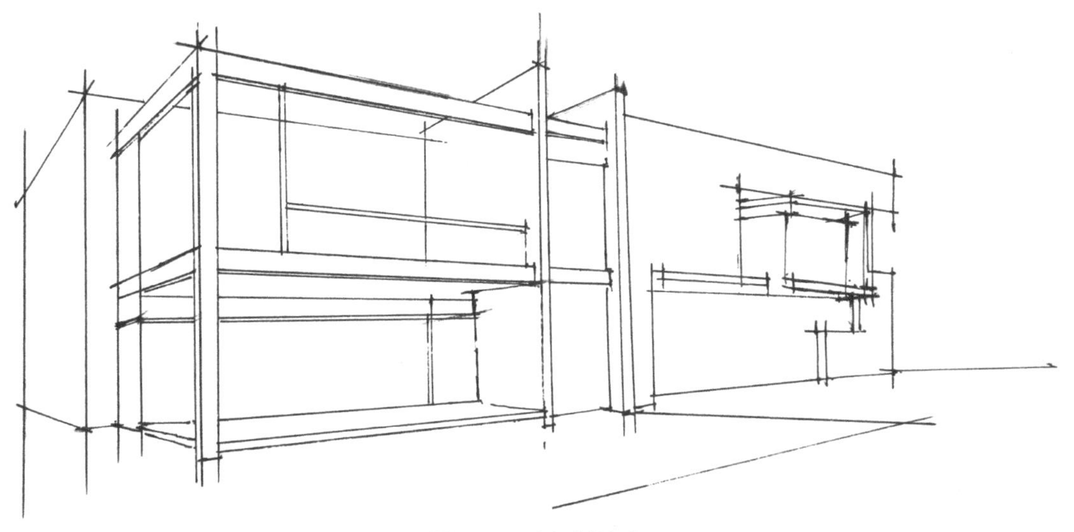

图4-34 画出建筑框架

（2）在建筑框架基础上完善建筑细节，并绘制建筑周边配景，如图4-35所示。

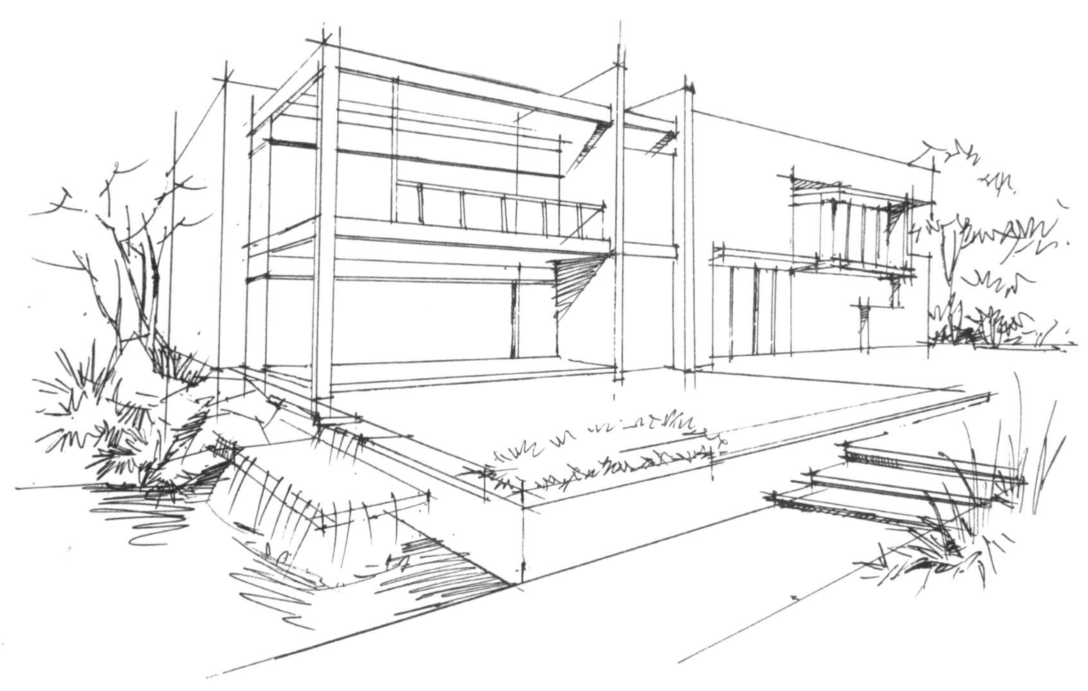

图 4-35　完善建筑线稿细节及配景

（3）进一步完善建筑线稿，丰富明暗关系，完成建筑线稿最终效果，如图 4-36 所示。

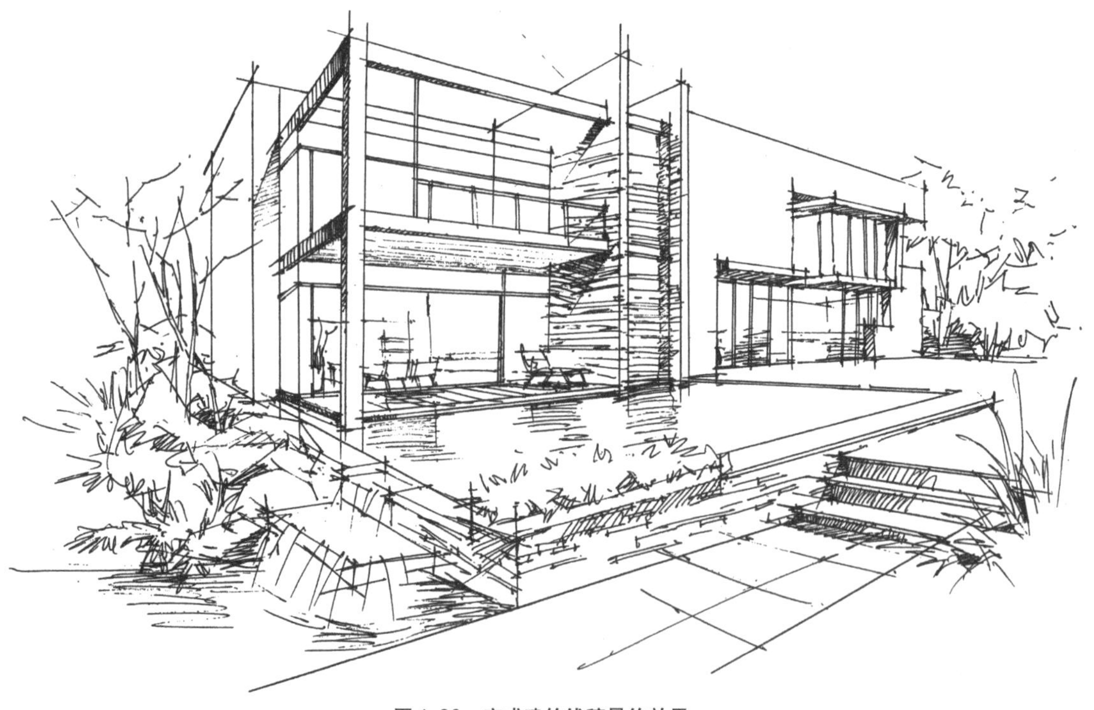

图 4-36　完成建筑线稿最终效果

（4）使用马克笔上色，先上主体，上色时注意色彩变化，要表现出画面的层次和结构关系，如图 4-37 所示。

图4-37 主体建筑上色

（5）继续刻画主体，使主体建筑物更加生动，色彩更丰富，如图4-38所示。

图4-38 进一步刻画主体建筑

（6）给周边环境及配景上色，上色时要注意整体环境色彩颜色的协调性，如图4-39所示。

图4-39　周边环境上色

（7）深入刻画画面，加强画面的层次感和立体感，如图4-40所示。

图4-40　进一步完善画面

（8）再进行一些画面细部刻画，并调整画面整体效果，使之更加协调统一，完善建筑效果图的绘制，如图4-41所示。

（9）最后对画面颜色进行微调，得出最终效果，如图4-42所示。

图4-41 细部深入刻画

图4-42 统一画面色调，最终完稿

习题

1. 临摹两个建筑效果图。
2. 创作一个建筑效果图。

4.4 园林景观效果图绘制步骤图解

（1）绘制出景观效果图的大致框架，同样必须依照严格的透视及比例大小关系，但是用线不妨放松随意一些，如图4-43所示。

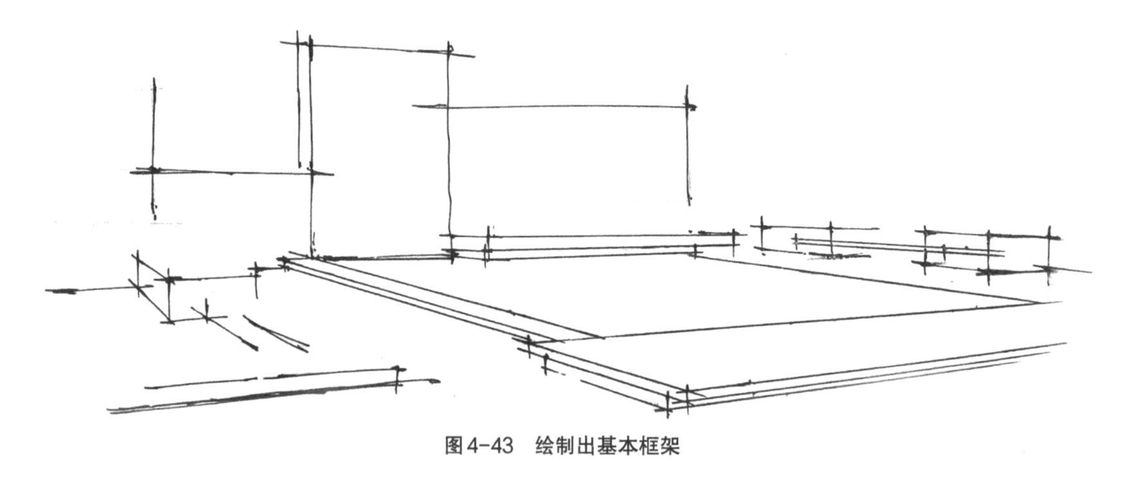

图4-43 绘制出基本框架

（2）依据设计绘制出植物配置及水景等景观元素，绘制时需要注意画面构图的均衡性，如图4-44所示。

图4-44 绘制出植物配置及水景等景观元素

（3）刻画景观细节，并利用线条的疏密关系强调出植物和景观造型中的明暗与结构关系，完成最终线稿，如图4-45所示。

（4）从景观设计的主体开始上色，注意主色调的控制和色彩搭配的协调，如图4-46所示。

（5）继续围绕景观设计主体上色，进一步明确整体的色彩关系，如图4-47所示。

（6）在景观主体上色的基础上利用颜色的浓淡明确明暗关系，如图4-48所示。

（7）深入刻画景观的层次感和立体感，如图4-49所示。

（8）最后进行一些画面细部刻画，并调整画面整体效果，使之更加协调统一，完成园林景观效果图的绘制，如图4-50所示。

图4-45 完成最终景观效果线稿

图4-46 景观主体上色

图4-47 景观设计主体上色

图4-48　明确明暗关系

图4-49　深入刻画画面效果

图4-50　园林景观效果图最终效果

（9）临摹绘制时，也可以根据自己的感觉对颜色进行调整，如图4-51所示。颜色略微调整，整体色调更为明快一些。

图4-51 微调色调后效果

习题

1. 临摹两个园林景观效果图。
2. 创作一个园林景观效果图。

第5章 手绘效果图训练

Chapter

手绘效果图的训练没有太多技巧，要画好手绘效果图，更多的是要依靠平日刻苦训练。训练手绘效果图，临摹是一种好方法，在临摹时可以接触和尝试多种不同风格的作品，这样可以极大地拓展初学者的眼界，丰富初学者的表现手法，最终取长补短，博采众长，形成自己独特的表现风格。

手绘效果图训练的另一途径是创作，创作也是手绘效果图的最终表现形式。在临摹掌握了手绘技法后，可以尝试进行一些空间的创作练习，从简单的空间到复杂的空间，在创作的过程中巩固自己的手绘技法，同时将自己的设计思路融入手绘的过程中，不断丰富和完善设计思维。

5.1 室内手绘效果图训练

室内手绘效果图训练如图5-1至图5-10所示。

图5-1 室内客厅线稿（苏志明绘）

图5-2 别墅客厅线稿（苏志明绘）

图5-3 别墅空间手绘效果（苏志明绘）

图5-4　小户型手绘效果图（苏志明绘）

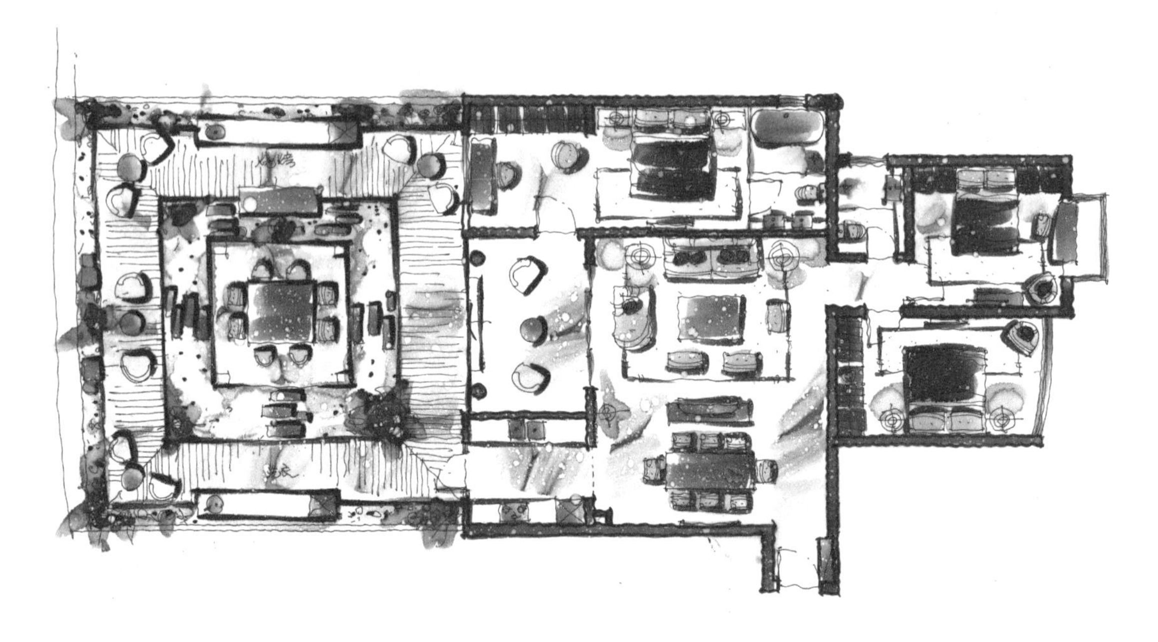

图5-5　户型设计创作原稿（王若飞绘）

图5-6 客厅创作原稿

图5-7 两点透视室内手绘效果

图5-8　公共空间接待大厅手绘效果1

图5-9　公共空间接待大堂手绘效果2

图5-10　公共空间休闲会所手绘效果

习题

临摹本节室内手绘效果图，并尝试创作两幅室内手绘效果图。

5.2　建筑手绘效果图训练

建筑手绘效果图训练如图5-11到图5-21所示。

图5-11　建筑手绘效果图线稿1

图5-12　建筑手绘效果图上色稿1

图5-13 建筑手绘效果图线稿2

图5-14 建筑手绘效果图上色稿2

图5-15　万科第五园绘制

图5-16　俯视手绘建筑效果图

图5-17　手绘建筑效果图

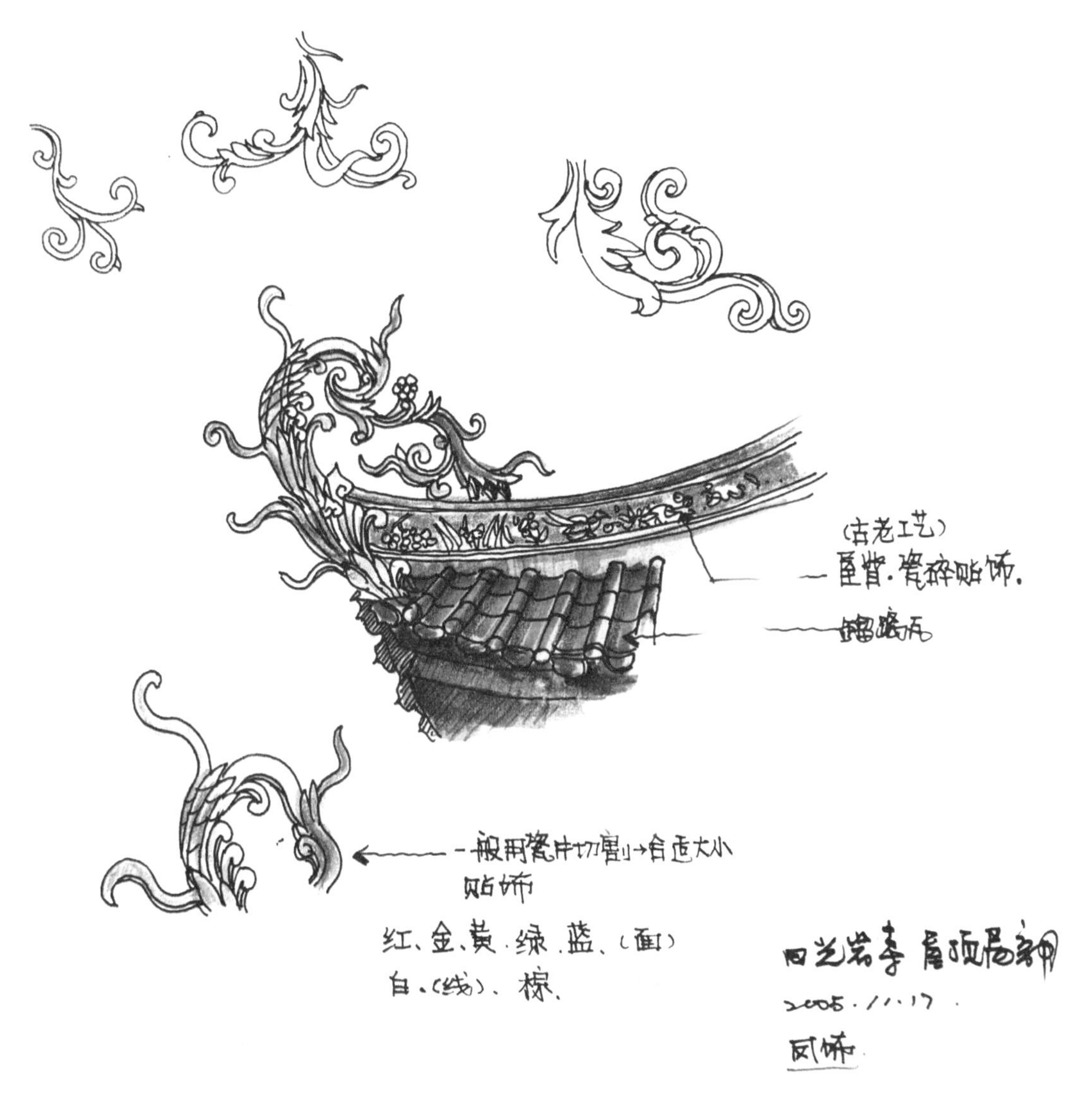

图5-18　古建筑局部写生效果

图5-19　马克笔与彩铅对比效果

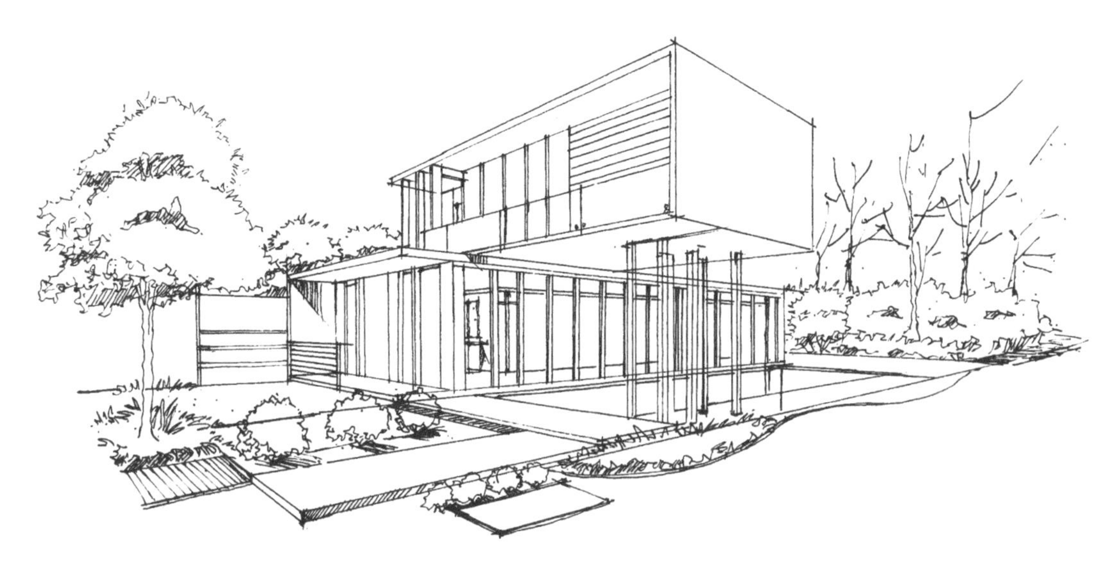

图5-20 建筑手绘线稿效果（潘潘绘）

图5-21 建筑手绘上色效果（潘潘绘）

习题

临摹本节3～5幅建筑手绘效果图，并尝试创作两幅小型建筑手绘效果图。

5.3 园林景观手绘效果图训练

园林景观手绘效果图训练如图5-22到图5-30所示。

图5-22　植物手绘效果图

图5-23　局部景观手绘效果图

图5-24 景观手绘效果图1

图5-25　景观手绘效果图2(潘潘临摹)

图5-26　景观手绘效果图3

图5-27 景观手绘效果图4

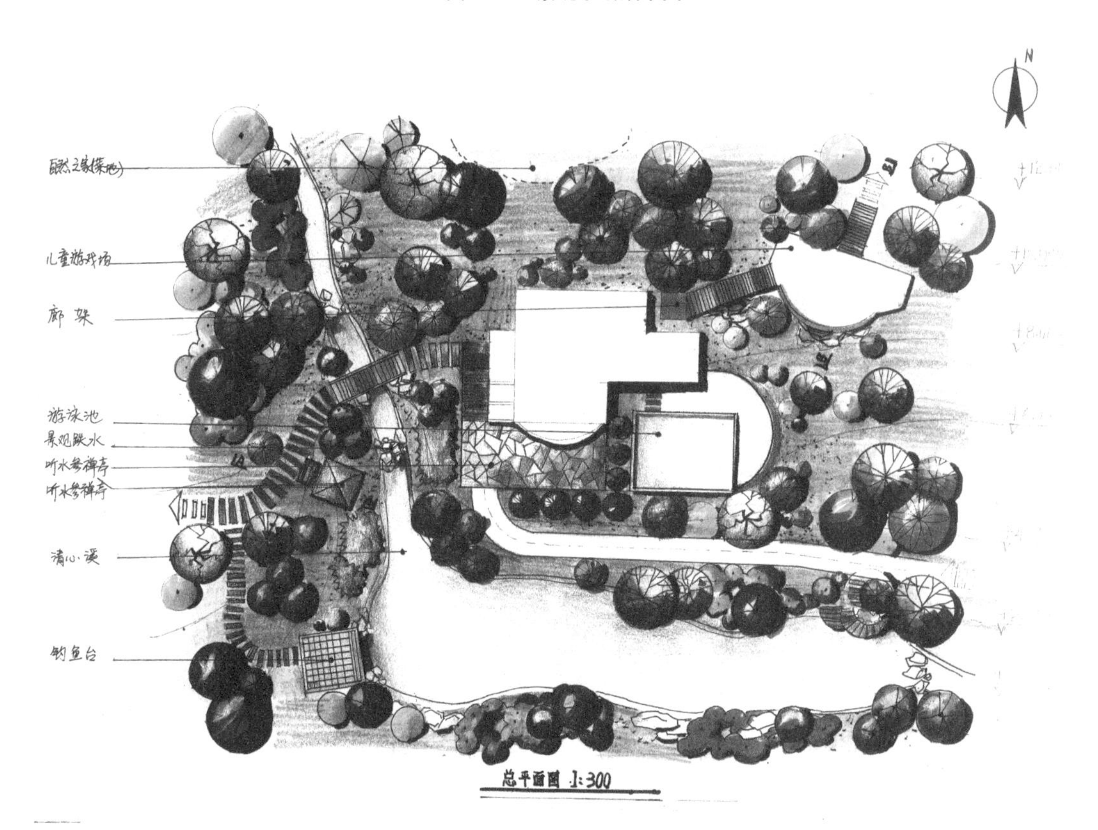

图5-28 景观设计平面效果图

图5-29　街头小景手绘效果图

图5-30　公园小景手绘效果图（龙珊绘）

习题

临摹本节3～5幅园林景观手绘效果图，并尝试创作两幅景观手绘效果图。

第6章
案例赏析

Chapter

6.1 室内手绘效果图

室内手绘效果图如图6-1至图6-14所示。

图6-1 别墅客厅手绘效果图（苏志明绘）

图6-2 卧室线稿与上色图（孙少杰绘）

图6-3　卧室手绘线稿

图6-4　欧式客厅手绘效果图

图6-5　徒手餐厅手绘效果图

图6-6　徒手卧室手绘效果

图6-7　客厅手绘效果（苏志明绘）

图6-8　卧室手绘效果图

图6-9　别墅客厅手绘效果图（王若飞绘）

图6-10　欧式客厅手绘效果图

图6-11　卧室手绘效果图

图6-12　两点透视中式客厅手绘效果图1

图6-13 两点透视中式客厅手绘效果图2

图6-14 开放空间手绘效果图

6.2 园林景观手绘效果图

园林景观手绘效果图如图6-15到图6-30所示。

图6-15　景观单体手绘效果

图6-16　植物单体手绘效果

图6-17　景观局部手绘效果1

图6-18　景观局部手绘效果2

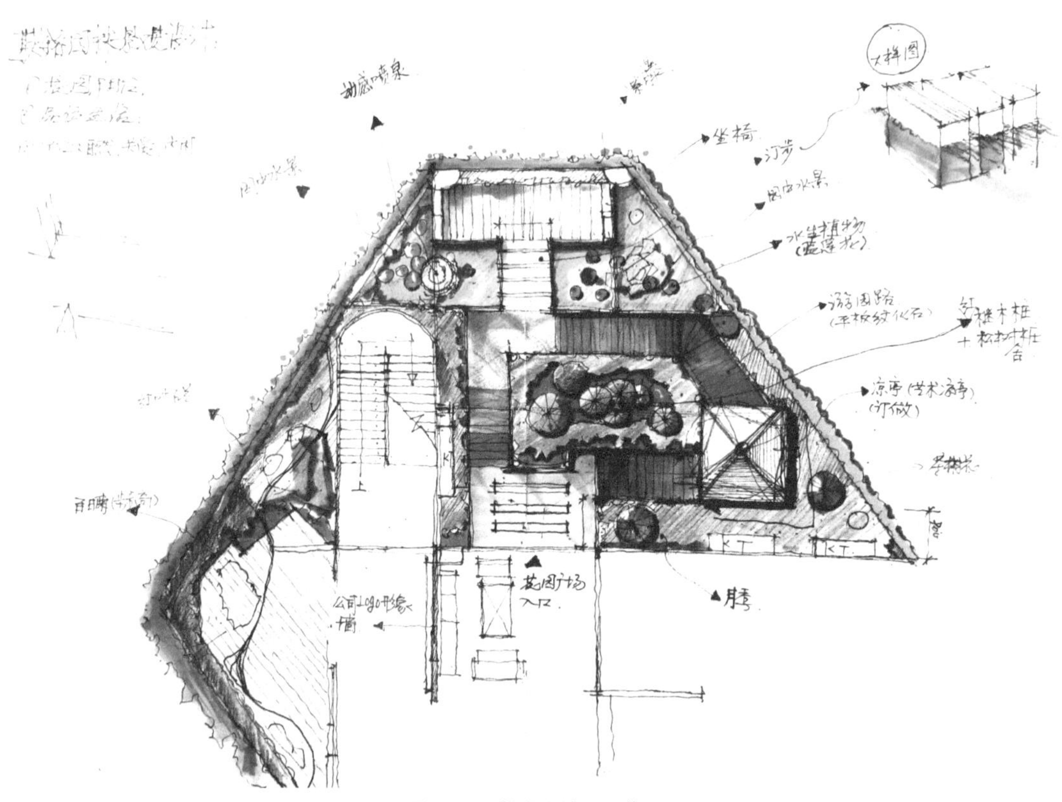

图6-19　景观设计平面草图

图6-20 景观手绘效果图1

图6-21 景观手绘效果图2

图6-22　景观手绘效果图3

图6-23　公园小景手绘效果图

图6-24　景观设计手绘线稿（临绘）

图6-25　园林景观手绘效果图

图6-26　公园小景手绘效果图

图6-27　景观手绘效果图1

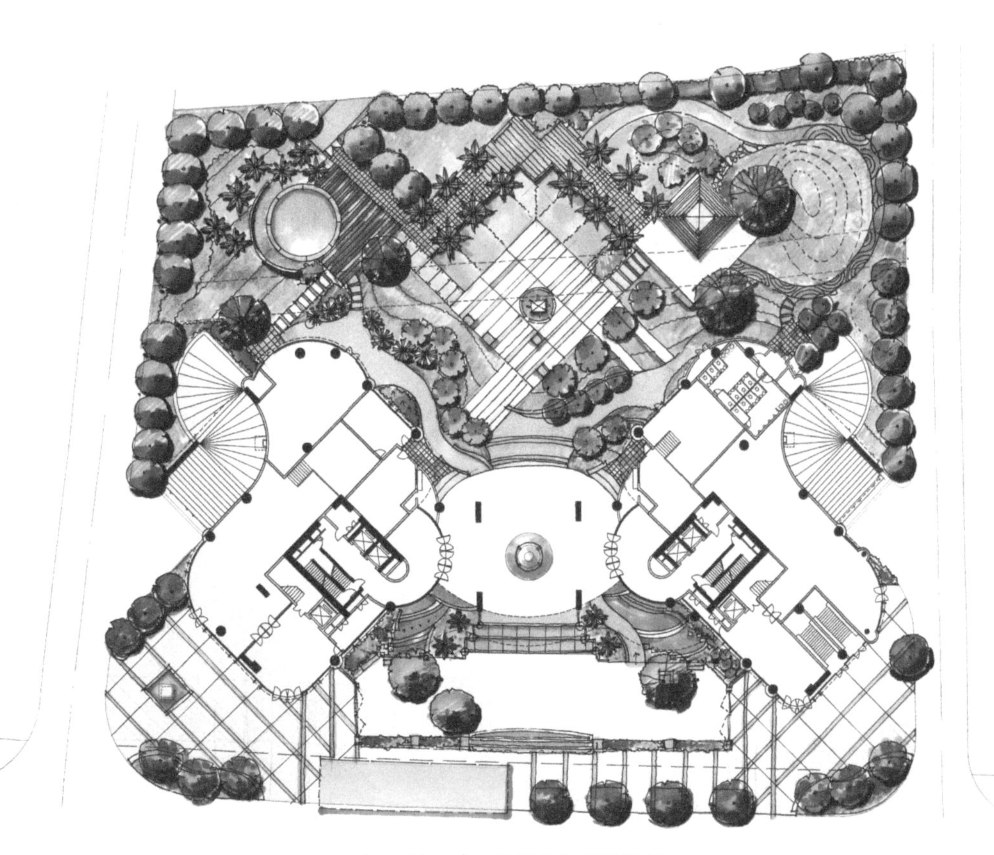

图6-28 小区景观规划手绘效果图

图6-29 景观手绘效果图2

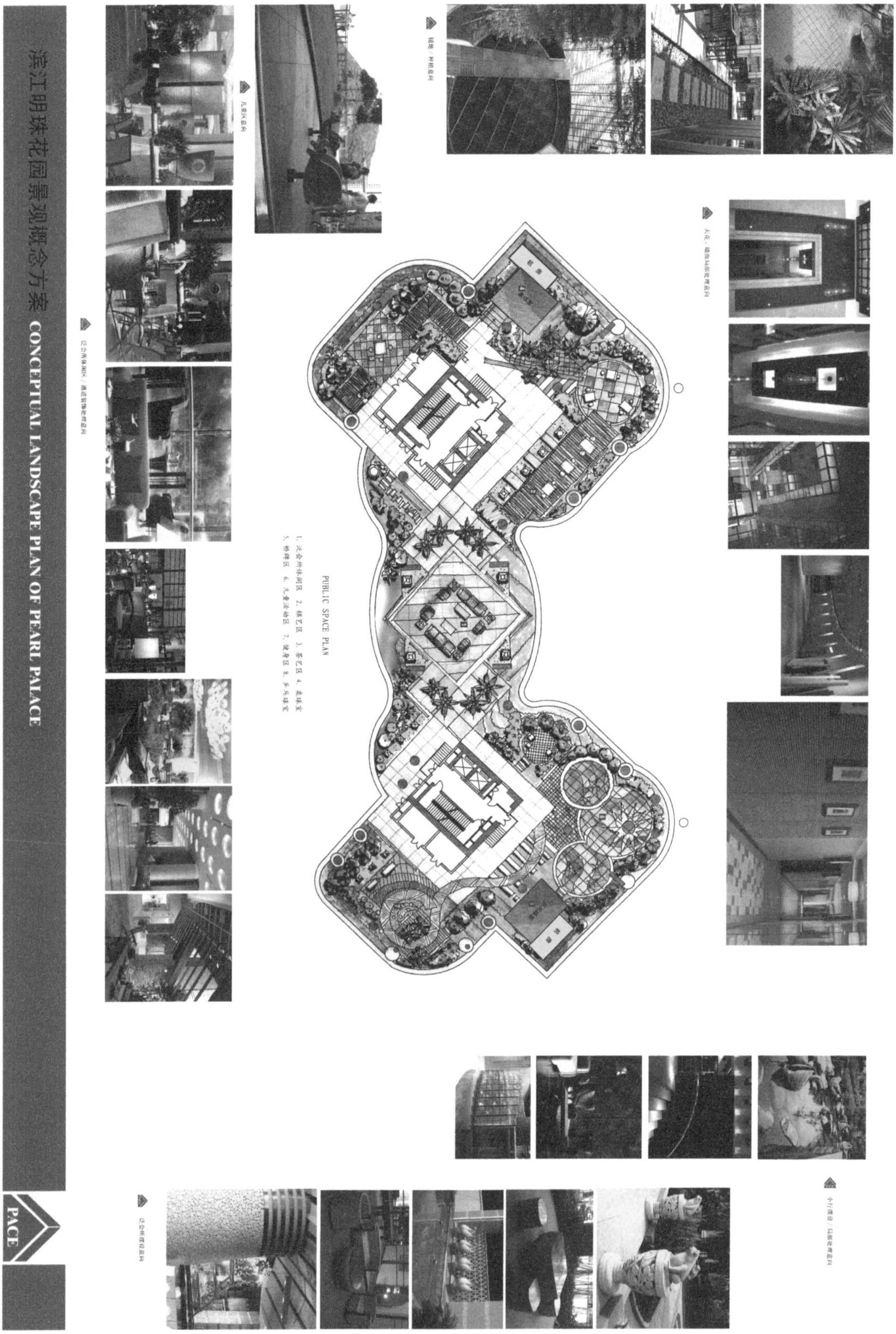

图6-30 景观设计方案稿

6.3 建筑手绘效果图

建筑手绘效果图如图6-31至图6-43所示。

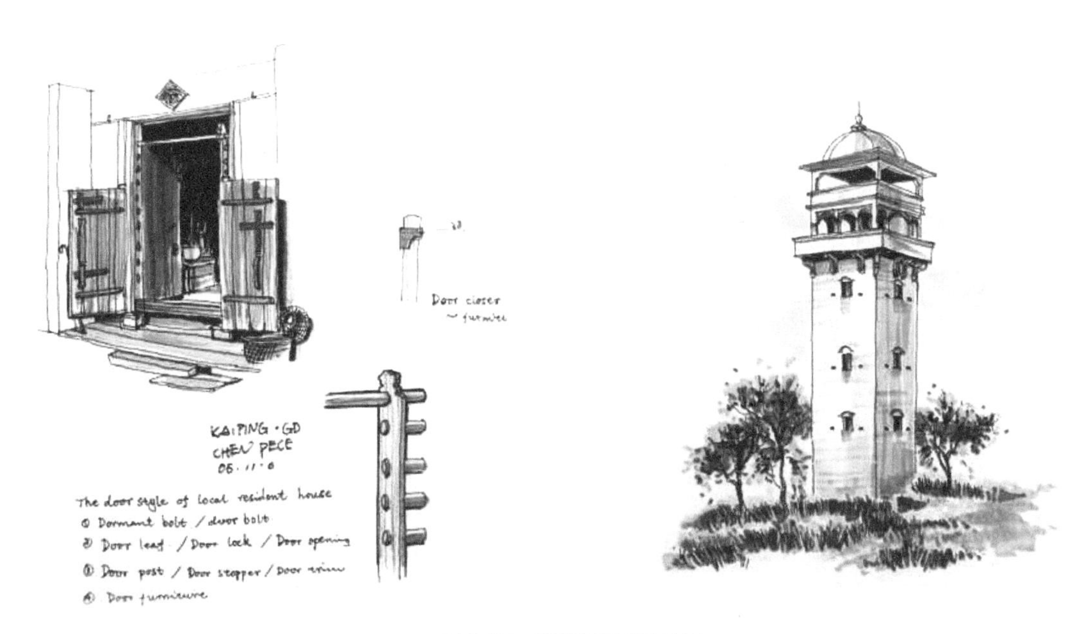

图6-31 建筑局部手绘效果

图6-32 建筑手绘效果图

图6-33 建筑手绘立面效果图1

图6-34 建筑手绘立面效果图2

图6-35 建筑线稿及上色稿

图6-36　别墅手绘效果图（临绘）

图6-37　建筑手绘效果图（临绘）

图6-35 建筑线稿及上色稿

图6-36　别墅手绘效果图（临绘）

图6-37　建筑手绘效果图（临绘）

图6-38 建筑手绘线稿（潘潘绘）

图6-39 建筑手绘上色稿（潘潘绘）

图6-40　建筑手绘线稿（潘潘绘）

图6-41　建筑手绘效果图1

图6-42 建筑手绘效果图2

图6-43 建筑手绘效果图3

6.4 写生速写

写生速写如图6-44至图6-62所示。

图6-44 庐山手绘速写

图6-45 欧式建筑手绘速写

图6-46 纳西古城老建筑手绘速写

图6-47　建筑写生

图6-48　建筑写生1

图6-49　建筑写生2

图6-50　山水风景速写 1

图6-51　山水风景速写 2

图6-52　老房子速写

图6-53　植物局部上色速写

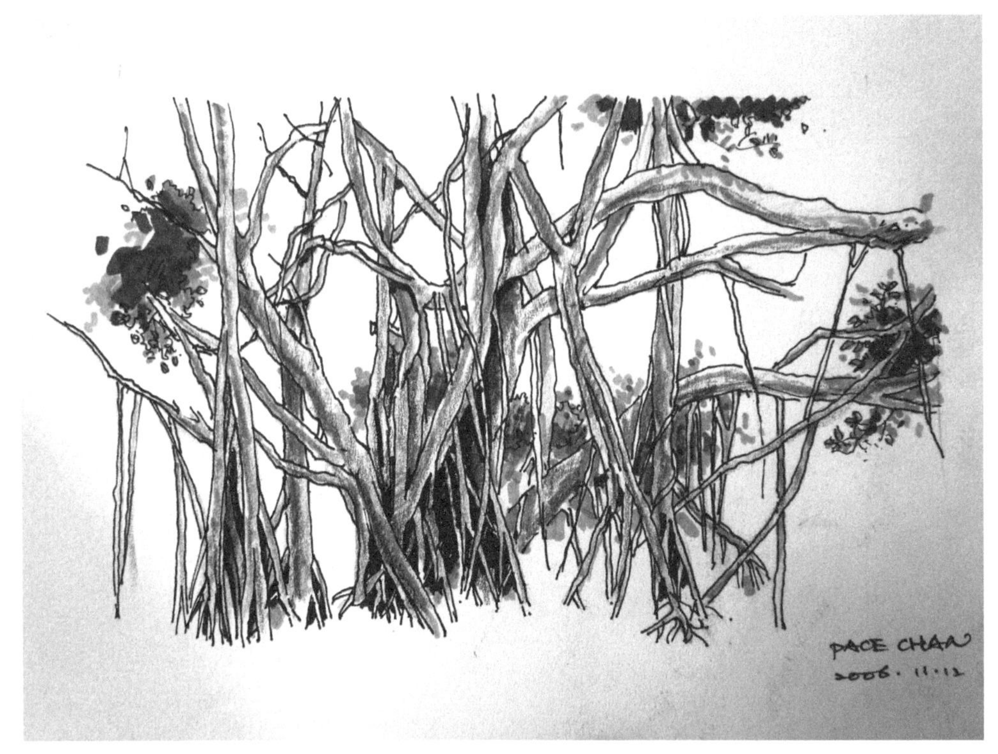

图6-54　老藤局部上色速写

图6-55　山道上色速写

图6-56 小桥上色速写

图6-57 古塔速写

图6-58　码头速写

图6-59　老房子速写

图6-60 办公建筑速写

图6-61 公园小景上色速写

图6-62　古城速写（大奇绘）